中国新农科水产联盟“十四五”规划教

教育部首批新农科研究与改革实践项目

水产类专业实践课系列教材

中国海洋大学教材建设基金资助

海洋生物资源与环境调查实习

纪毓鹏　任一平　主编

中国海洋大学出版社

·青岛·

图书在版编目（CIP）数据

海洋生物资源与环境调查实习 / 纪毓鹏，任一平主编. —青岛：中国海洋大学出版社，2022.12
水产类专业实践课系列教材
ISBN 978-7-5670-3278-1

Ⅰ. ①海… Ⅱ. ①纪… ②任… Ⅲ. ①海洋生物资源－资源调查－教材 Ⅳ. ①P745

中国版本图书馆CIP数据核字（2022）第173650号

出版发行 中国海洋大学出版社
社　　址 青岛市香港东路 23 号　　**邮政编码** 266071
网　　址 http://pub.ouc.edu.cn
出 版 人 刘文菁
责任编辑 董　超
电　　话 0532-85902342
电子信箱 465407097@qq.com
印　　制 青岛国彩印刷股份有限公司
版　　次 2022 年 12 月第 1 版
印　　次 2022 年 12 月第 1 次印刷
成品尺寸 170 mm × 230 mm
印　　张 8
字　　数 116 千
印　　数 1—1 500
定　　价 38.00 元
订购电话 0532-82032573（传真）

水产类专业实践课系列教材

编委会

总前言

2007—2012年，按照教育部“高等学校本科教学质量与教学改革工程”的要求，结合水产科学国家级实验教学示范中心建设的具体工作，中国海洋大学水产学院组织相关教师主编并出版了水产科学实验教材6部，包括《水产动物组织胚胎学实验》《现代动物生理学实验技术》《贝类增养殖学实验与实习技术》《浮游生物学与生物饵料培养实验》《鱼类学实验》《水产生物遗传育种学实验》。这些实验教材在我校本科教学中发挥了重要作用，部分教材作为实验教学指导书被其他高校选用。

这么多年过去了，如今这些实验教材内容已经不能满足教学改革需求。另外，实验仪器的快速更新客观上也要求必须对上述教材进行大范围修订。根据中国海洋大学水产学院水产养殖、海洋渔业科学与技术、海洋资源与环境3个本科专业建设要求，结合教育部《新农科研究与改革实践项目指南》内容，我们对原有实验教材进行优化，并新编了4部实验教材，形成了“水产类专业实践课系列教材”。这一系列教材集合了现代生物、虚拟仿真、融媒体等先进技术，以适应时代和科技发展的新形势，满足现代水产类专业人才培养的需求。2019年，8部实验教材被列入中国海洋大学重点教材建设项目，并于2021年5月验收结题。这些实验教材不仅满足我校相关专业教学需要，也可供其他涉海高校或农业类高校相关专业使用。

本次出版的10部实验教材均属中国新农科水产联盟“十四五”规划教材。教材名称与主编如下：

《现代动物生理学实验技术》(第2版)：周慧慧、温海深主编；

《鱼类学实验》(第2版)：张弛、于瑞海、马琳主编；

《水产动物遗传育种学实验》：郑小东、孔令锋、徐成勋主编；

《水生生物学与生物饵料培养实验》：梁英、薛莹、马洪钢主编；

《植物学与植物生理学实验》：刘岩、王巧晗主编；

《水环境化学实验教程》：张美昭、张凯强主编；

《海洋生物资源与环境调查实习》：纪毓鹏、任一平主编；

《养殖水环境工程学实验》：董登攀、宋协法主编；

《增殖工程与海洋牧场实验》：盛化香、唐衍力主编；

《海洋渔业技术实验与实习》：盛化香、黄六一主编。

编委会

前言

PREFACE

《海洋生物资源与环境调查实习》是海洋生物资源调查技术课程的配套教材，该课程是海洋资源与环境相关专业的重要实践环节。

本教材主要参考《海洋调查规范　第6部分海洋生物调查》（GB/T12763.6—2007）、《海洋渔业资源调查规范》（SC/T 9403—2012）等为技术依据，以游泳动物调查为核心内容，围绕这一核心设计进行浮游植物，浮游动物，鱼卵及仔、稚鱼，底栖生物和潮间带等生物与非生物环境调查内容，使学生学习规范的海洋生物调查要求和技术，熟悉各类常用海洋生物调查仪器的使用，学习调查样品鉴定分析、数据分析与调查评价等，从而掌握海洋生物资源调查的流程，为从事海洋生物资源调查有关科研及海洋管理工作打下良好的基础。

由于水平有限，文中难免有疏漏和错误之处，恳请读者们提出宝贵意见，以便编者加以修改。

编　者

2022年3月于青岛

CONTENTS

绪　论

实习1　游泳动物调查

实习2　浮游植物调查

实习3　浮游动物调查

实习4　鱼卵及仔、稚鱼调查

实习5　大型底栖生物调查

实习6 潮间带生物调查

实习7 叶绿素a调查测定

实习8 海洋环境要素调查

附　录

绪 论

一、课程内容

海洋生物资源调查技术课程是海洋资源与环境专业教学计划中的必修实践课程。本教材是该课程的配套教学实习教材。

课程以海洋生物资源调查中的游泳动物调查为核心内容，围绕这一核心设计进行游泳动物，鱼卵及仔、稚鱼，底栖生物和潮间带生物等生物与海洋环境等非生物环境调查内容，使学生学习规范的海洋生物调查技术，熟悉各类海洋调查仪器的使用，学习调查样品的鉴定分析与数据分析处理等，从而掌握海洋生物资源调查的流程。

二、课程目标

通过本课程的学习，学生将熟悉海洋生物资源和有关环境要素调查的方法及仪器设备的使用；掌握海洋生物资源调查采样，样品分析及资料整理的基本要求、方法和实际操作技能，具备在海洋生物资源调查方面独立的实践技能与创新能力，在历练中提升科学素养，培养严谨的科研精神，培养谋海济国的家国情怀，为将来从事海洋生物资源调查等相关科研及海洋管理工作打下良好的基础。

三、实习要求

（1）严格遵守学校、学院关于教学实习的有关规定和实习纪律，服从实习安排，把安全问题作为实习的第一任务。

（2）遵守实习期间请销假制度，不擅自离队，实习过程中遇到问题及时报告带队指导教师。

（3）在船上服从指导教师及人员安排，注意自我保护，不擅自触动船上设施，不做危险的行为，不下水游泳。

（4）实习期间不吸烟、不喝酒、不滋事，以及不私自购买、食用不洁食物，乘车、住宿等服从指导教师安排。

（5）实习开始前，认真预习理论知识，积极参与实习方案制订，按要求准备实习使用的仪器设备和物资。

（6）在海上实习期间，不畏艰苦，积极主动参与，认真、规范地完成各项海上调查项目；在实验室样品分析阶段，不怕脏，不怕累，认真、规范地完成各类样品的鉴定、分析工作。

（7）认真处理、分析实习调查数据，查阅文献资料，认真、规范地书写实习报告，确保报告内容完整。

四、成绩评定

采用优、良、中、及格、不及格5级考核评价制，着重考察学生的实习纪律、操作能力和实习报告质量。

优：遵守实习纪律，服从实习安排，具有扎实的基础理论知识，调查过程中操作规范、认真，提交的实习报告内容较全面、数据准确，能依据调查内容从采集样品、分析鉴定、数据处理及分析评价等环节入手，撰写完成实习报告。

良：遵守实习纪律，服从实习安排，具有较好的基础理论知识，调查过程中操作较为规范、认真，提交的实习报告内容较全面，分析方法正确，并能进行相关的分析和评价。

中：遵守实习纪律，服从实习安排，具有较好的基础理论知识，调查过程中操作较为规范、认真，提交的实习报告内容能基本涵盖本次实习计划内容，分析方法正确。

及格：基本遵守实习纪律，基本服从实习安排，基础理论知识水平合格，调查过程中操作合格，提交的实习报告内容能基本涵盖本次实习计划内容，分析方法基本正确。

不及格：实习过程中不遵守实习纪律或不服从实习安排，态度不认真，操作不规范，提交的实习报告内容过于简单，不能反映调查过程和调查内容，书写不认真。

游泳动物调查

一、实习目的

通过对调查海区游泳动物的调查采样及实验室内对样品的种类鉴定、生物学测量等，分析评价调查海区游泳动物的种类组成、数量分布、生物学和生态学特征及其时空变化等，掌握游泳动物调查与评价的技术要求与方法。

二、实验器材

调查船、绞车、调查专用底层拖网、体视显微镜、生物显微镜、台秤、电子秤、天平（感量0.1 g、0.01 g和0.001 g各一台）、量鱼板（长度500 mm，每格1 mm）、解剖刀、卷尺、泡沫箱、标本瓶、甲醛、乙醇、手套、毛巾、纱布、卫生纸、记录本、铅笔、橡皮、标签贴、竹签、记号笔等。

三、技术要求

（一）站位设计

站位设计可结合调查需要和调查海区自然环境情况，采用定点调查法或分层随机法。

1. 定点调查法

定点调查法中常用的是网格状均匀定点法，根据不同的调查目的按适当的经度、纬度跨度（如间隔10′）布站。也可选择根据不同的主要渔场、不同的资源密度分布区或不同的等深线分布区等信息设置断面定点站位。但遇到有障碍物或海底严重凹凸不平的地方，应适当移动站位位置。

2. 分层随机法

分层随机法是根据鱼类栖息地特征（底质、海底地形和水深等因素）或种群分布特点，将调查区域划分成不同的层次，再从每个层次中随机选取采样站点实施调查采样的方法。

（二）航线设计

在确保达到调查目的的前提下，航线应遵循安全和经济两个原则，在保证安全的条件下要选取顺风、顺流且航距最短的经济航线。

（三）拖网时间和拖网速度

定点站位每站拖网时间为1 h，拖网速度应根据调查对象游泳能力的强弱和调查船的性能综合考虑，调查中小型底层鱼类以2 ~ 3 kn为宜，调查游泳能力强的大型底层鱼类（如鳕鱼）和中上层鱼类以3 ~ 4 kn为宜。

（四）调查时间

对于白天贴底的鱼（如带鱼、鲳鱼）应安排在白天调查，对于夜间贴底的鱼（如马面鲀）和虾等应安排在夜间调查。如果昼、夜均调查，应做昼、夜渔获率的对照试验，求算出昼、夜拖网的修正系数。

（五）调查网具

应选取选择性能小的网具作为调查网具，并将网具规格等信息记录于拖网卡片。

（六）渔获物分析

渔获物的组成分析和样品的生物学测定一定要按随机取样的原则进行。

（七）调查要素

调查要素包括游泳动物的种类组成、数量分布、群体组成、生物学和生态学特征及其时空变化等。

四、样品采集

（一）拖网

1. 放网

放网的位置要综合拖速、拖向、流向、流速、风向和风速等因素，在距离标准站位位置2 ~ 4 n mile时放网，经1 h拖网后正好到达标准站位位置或其附近。

临放网前要准确测定船位，放网时间以停止曳纲投放、曳纲着底开始受力时为准。

2. 曳网

曳网中要尽可能保持曳网方向朝着标准站位，记录鱼群映象出现的水层，经、纬度和拖网速度的改变情况。要注意周围船只动态和调查船的曳网是否正常等，若出现不正常曳网时，应视其情况改变拖向或立即起网。

3. 起网

临起网前必须准确测定船位，起网过程中两船的卷网速度要一致，起网时间以起网机开始卷收曳纲的时间为准。如果遇到严重破网等重大渔捞事故导致渔获物大量减少时，应重新拖网。必须把每个站位的渔捞要素记录在附录表1–1。

（二）样品处理

1. 估计站位渔获物总质量

把囊网里的全部渔获物倒在甲板上，记录估计的网次总质量（kg）。如果囊网外有套网，套网里的渔获物要另行保存和分析测定。

2. 留取渔获物分析样品

渔获物总质量不超过40 kg时，应全部取样分析；大于40 kg时，挑出大型的和较有保存价值的标本后，从渔获物中随机取出20 kg左右样品分析，然后把余下的渔获物按品种和规格装箱，记录该站位准确的渔获物总质量（kg），并从中再留取特殊需要的样品，如不同体长组的年龄样品、胃含物样品和怀卵量样品等。

如不在现场分析样品，应将大型标本装箱（袋），并扎好标签，做好记录，核对无误后及时冰鲜或速冻或浸制；如是小型标本，要装进标本瓶，并放好标签，用体积分数为5%的甲醛溶液或70%的酒精固定。

五、样品分析

（一）核对样品

每个航次调查结束时要认真核对保存的样品和记录是否相符。

（二）渔获物样品分析

渔获物样品分析必须鉴定到种，记录各种类的名称、样品质量、尾数，样品中最小、最大体长（肛长、胴长或全长等，mm）和最小、最大体重（g）。把样品分析的结果记录在附录表1–1。对调查目标鱼种、主要经济鱼种和渔获物优势种随机留出生物学测定样品30～110尾，少于30尾的全部测定。

（三）生物学测定

生物学测定按种类进行，测定前将样品洗净、沥干，逐尾排列、编号，依次进行各项测定，少于30尾的全部测定，长度以 mm 为单位、质量以 g 为单位，测定数据记录于附录表1–2至附录表1–5。

1. 鱼类

（1）长度

鱼的长度测量应根据不同鱼种选测，主要包括全长、体长、叉长、肛长和体盘长等。

① 全长：自吻端至尾鳍末端的长度。鳎类和犀鳕类等以全长代表鱼体长度，其他鱼类以全长为辅助观测项目，如图1–1所示。测定数据记录于附录表1–2。

图1-1　鱼类全长测量示意图

② 体长：自吻端至尾椎骨末端的长度。尾椎骨末端易于观察的石首鱼科、鲷科、鲆科、鲽科等以体长代表鱼体长度，如图1-2所示。

图1-2　鱼类体长测量示意图

③ 叉长：自吻端至尾叉的长度。马鲛鱼、鲳鱼、鲐鱼、鲹鱼和鳓鱼等尾叉明显的鱼以叉长代表鱼体长度，如图1-3所示。

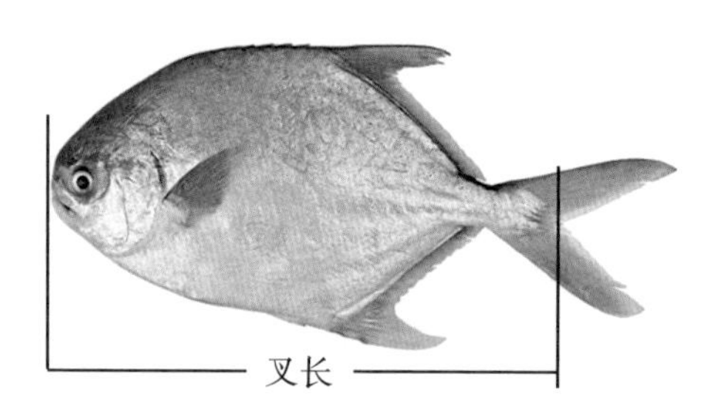

图1-3　鱼类叉长测量示意图

④ 肛长：自吻端至肛门前缘的长度。尾鳍、尾椎骨不易测量的海鳗、带鱼和鲨鱼等以肛长代表鱼体长度，如图1-4所示。

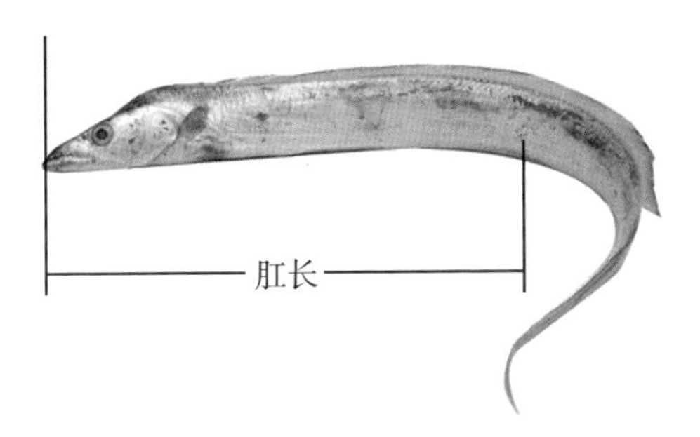

图1-4　鱼类肛长测量示意图

⑤ 体盘长：自吻端至胸鳍后基的长度。胸鳍扩大与头相连构成体盘的鳐属、魟属等鱼种以体盘长代表鱼体长度，如图1-5所示。

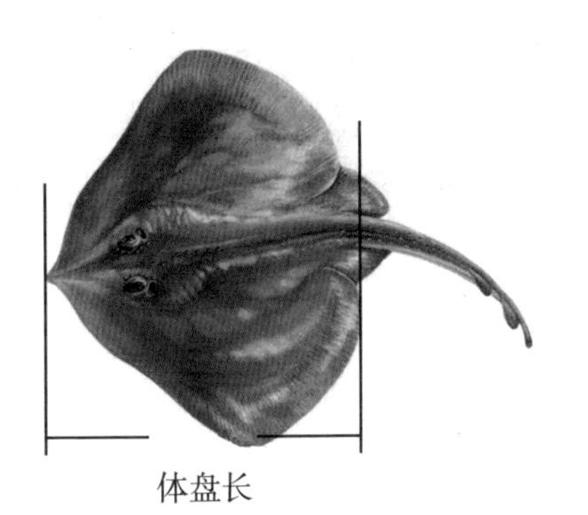

图1-5　鱼类体盘长测量示意图

以上长度资料也可用蜡纸刺孔保存，把样品按雌雄和性腺成熟度分堆放好，在蜡纸上依次（分不同行）刺孔。蜡纸上要记录种名，捕捞时间、地点，蜡纸起点长度和刺孔样品总质量或各性腺成熟期的样品质量等。

（2）体重/纯体重

① 体重：鱼体的总质量。

② 纯体重：除去性腺、胃、肠、心、肝、鳔及体腔内脂肪层的鱼体质量。

（3）年龄样品

① 对于尚未掌握年轮形成时间的鱼种，必须周年（每月一次）采集样品，每月采集的样品应包括从小至大不同体长组的样品，每个体长组要有

10～30尾样品。如果只了解渔获物的年龄组成情况，应从网次渔获物中随机取样。

② 测定不同种类的鱼的年龄，往往使用不同的年龄介质，经常采用的年龄介质有鳞片、耳石、鳍条硬棘、脊椎骨和匙骨等数种，如图1–6所示。

图1–6　方氏云鳚耳石外侧面示意图

鳞片：以鳞片为主测定年龄的鱼种有鲫鱼、黄鲫、蓝圆鲹等。采鳞片前应除去浮鳞，取鱼体第1背鳍前部下方至侧线上方或鱼体中部一定部位的鳞片10～20枚，若该处鳞片脱落，可取胸鳍覆盖处的鳞片，洗净后放入该鱼种编号袋中保存。

耳石：以耳石为主测定年龄的鱼种有小黄鱼、大黄鱼、白姑鱼、带鱼、鲐鱼、马鲛鱼等。切开颅顶骨或翻开鳃盖，切开听囊，取出一对耳石，洗净后放入该鱼种编号袋中保存。

脊椎骨：以脊椎骨为主测定年龄的鱼种有绿鳍马面鲀、黄鳍马面鲀等。取基枕骨后的脊椎骨10节左右，除去附骨和肌肉，写上标签按测定的编号顺序以细绳栓好，阴干保存。

（4）性腺成熟度与怀卵量样品

① 区分性别：剖开鱼体胸腔、腹腔，按性腺鉴别雌（♀）、雄（♂），不能分辨雌雄者，记为雌雄不分。

② 性腺成熟度：一般采用目测法，根据性腺不同发育阶段的外观形态特征，将性腺成熟度划分为6期（表1–1，图1–7），将目测结果记录于附录表1–2；也可采用称重法，即性腺成熟系数，是性腺质量占纯体重的千分数。称量卵巢和精巢质量的最大误差不得大于±0.2 g。

③ 怀卵量样品：怀卵量即雌性成熟个体卵巢中持有的卵粒数量。每次按不同鱼体长度组收集4期的卵巢标本10个，放入具有种名、编号、采样时间和站位号标签的瓶中，用体积分数为5%的甲醛溶液固定。

表1–1　鱼类性腺成熟度辨别特征

性腺成熟度	辨别特征
Ⅰ期	性腺未发育的个体：性腺不发达，紧附于体壁内侧，呈细线状或细带状，肉眼不能识别雌雄
Ⅱ期	性腺开始发育或产卵后重新恢复的个体：卵巢呈细管状或扁带状，半透明呈浅红肉色，肉眼能辨明性别，但看不出卵粒。精巢扁平稍透明，呈灰白色或灰褐色
Ⅲ期	性腺正在成熟的个体：性腺已较发达，卵巢体积增大，占腹腔的1/3～1/2，呈白色或浅黄色，肉眼可看出卵粒；卵粒互相粘连成团块状，难分离。精巢表面呈灰白色或稍具浅红色，压挤精巢，无精液流出
Ⅳ期	性腺即将成熟的个体：卵巢体积较大，占腹腔的2/3左右；卵粒明显，球形，呈橘红色或橘黄色，彼此容易分离，有时能看到半透明卵，轻压鱼腹无成熟卵流出。精巢显著增大，呈白色，轻压鱼腹能有少量精液流出
Ⅴ期	性腺完全成熟，即将或正在产卵的个体：卵巢饱满，充满体腔，卵粒大而透明，且各自分离，对鱼腹稍加压力，透明卵粒即行流出。精巢充满精液，呈乳白色，稍加压力，精液即行流出
Ⅵ期	产卵、排精后的个体：性腺萎缩，松弛，充血，呈暗红色；其体积显著缩小，卵巢套膜增厚；性腺内部常残留少量卵粒或精液

注：以上6期为一般的划分标准，可根据不同鱼种的情况和需要，对某一期再划分A期、B期，如Ⅴ期划分为$Ⅴ_A$期、$Ⅴ_B$期。若性腺成熟状况处于相邻两期之间，可写出两期的数字，中间加一个“–”，如Ⅲ–Ⅳ期、Ⅳ–Ⅲ期。比较接近哪一期，则该期的数字写在前面，如Ⅳ–Ⅲ期表示性腺成熟度比较接近于第Ⅳ期。

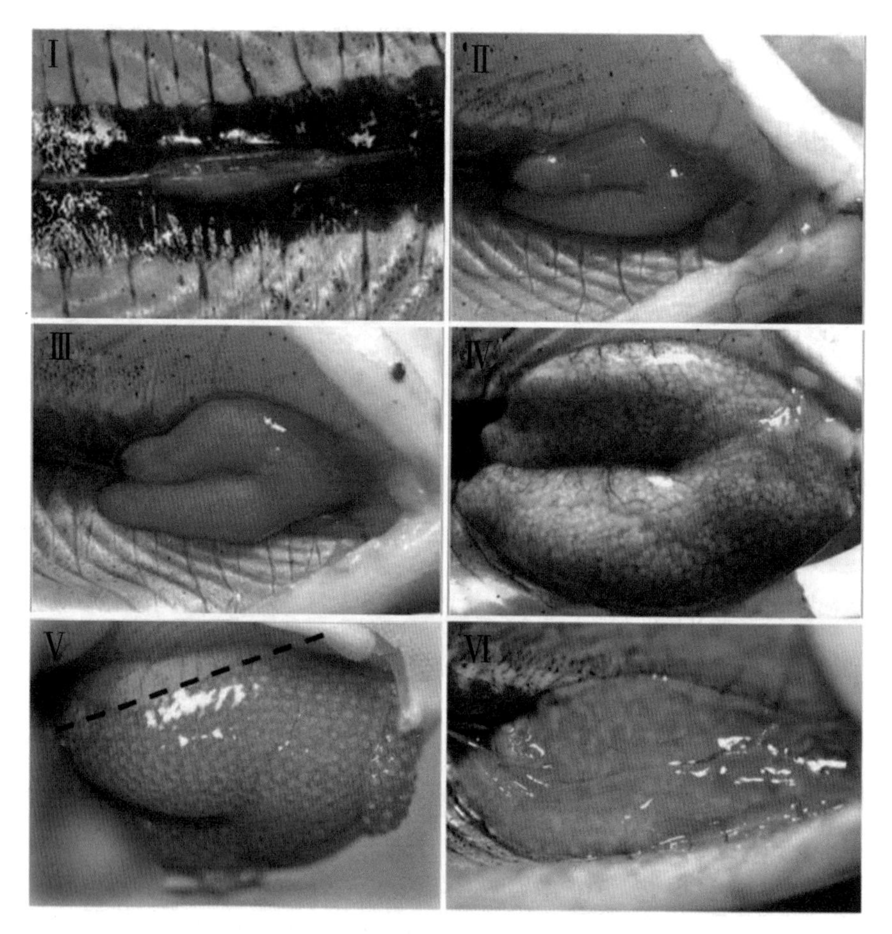

Ⅰ ~ Ⅵ代表各期。

图1-7 大泷六线鱼卵巢发育外观图

（资料来源：纪东平，2014）

（5）摄食强度和消化道样品

① 摄食强度：目测法，根据胃内食物充满情况，将摄食强度划分为5级（表1-2）；称重法，将消化道内食物称重，以计算其占鱼体纯体重的千分数——饱满系数。

② 消化道样品：每次取胃肠样品50个，放入具有种名、编号、采样时间和站位号标签的瓶中，用体积分数为5%的甲醛溶液固定。

表1-2 鱼类摄食强度等级辨别特征

摄食强度	辨别特征
0级	空胃
1级	胃内有少量食物，其体积不超过胃腔的1/2
2级	胃内食物较多，其体积超过胃腔的1/2
3级	胃内充满食物，但胃壁不膨胀
4级	胃内食物饱满，胃壁膨胀变薄

（6）含脂量

① 含脂量的测定主要用于中上层鱼类。

② 含脂量以目测法观测，分为4级（表1–3）。测定结果记录于附录表1–2。

表1-3 鱼类含脂量等级辨别特征

含脂量	辨别特征
0级	内脏表面及体腔壁均无脂肪层
1级	胃表面有薄的脂肪层，其覆盖面积不超过胃表面的1/2
2级	胃肠表面1/2以上的面积被脂肪层覆盖
3级	整个胃肠表面被脂肪层覆盖，脂肪充满体腔

2. 虾类

（1）性别和性比

对虾类根据交接器、真虾类根据生殖孔的位置分辨雌雄，记录于附录表1–3，并统计其比例。

（2）长度（图1–8）和质量

① 头胸甲长：眼窝后缘至头胸甲后缘的长度。

② 体长：眼窝后缘至尾节末端的长度。

③ 全长：额剑尖端至尾节末端

④ 体重：虾体总质量。

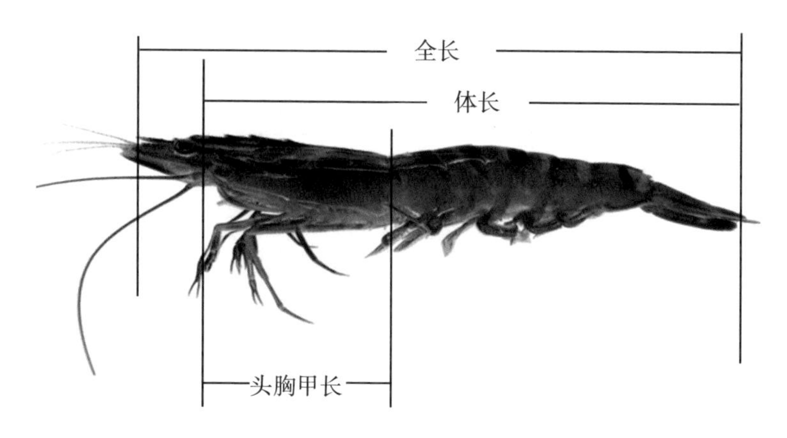

图1-8　虾类长度测量示意图

（3）交配率

在虾类交配季节，计算已交配雌虾所占的百分比。

① 对虾类：已交配雌虾的交接器内充满乳白色精液。

② 真虾类：抱卵的雌虾即为已交配。

（4）性腺成熟度

剪开雌虾头胸甲可看到性腺，对虾类和毛虾类性腺成熟度均分为5期（表1-4、表1-5）。

表1-4　对虾类性腺成熟度辨别特征

性腺成熟度	辨别特征
Ⅰ期	未发育期。卵巢小，无色，轮廓不清，肉眼不能辨别卵粒
Ⅱ期	发育早期。已交配，卵巢开始发育，呈乳白色或淡黄色，卵粒肉眼能辨别，但不能分离
Ⅲ期	发育后期。卵巢已大，前叶及中叶已成熟，通过甲壳可见，后叶增宽。肉眼容易辨别卵粒，卵巢表面龟裂，黄色或灰绿色
Ⅳ期	成熟期。卵巢膨大，卵粒极为明显，前叶、中叶充分成熟，轮廓清楚，通过甲壳可见，表面龟裂突起，呈褐绿色或灰绿色
Ⅴ期	产后恢复期。卵巢萎缩，卵已排空，外观近似Ⅰ期，呈灰白色、淡红色或淡黄色

表1-5　毛虾类性腺成熟度辨别特征

性腺成熟度	辨别特征
Ⅰ期	未成熟期。卵巢内以小型卵粒为主，大、小型卵粒（卵径0.023 0～0.082 8 mm）混杂，卵巢边缘部分的卵粒较大。雌虾交接器内没有精荚
Ⅱ期	成熟期。卵巢内卵粒大部分达D、C型（D、C型的卵径0.084 0mm～0.161 0 mm），这时卵巢显著增大，边缘呈纹状突起，突起与突起重叠，在第1腹节背部的卵巢向两侧扩张，第2腹节处则向上隆起，大部分雌虾交接器内已有精荚
Ⅲ期	临产卵期。卵巢内卵粒均达A、B型（A、B型的卵径0.082 8～0.207 0 mm）。卵粒排列整齐，位于第1腹节背部的卵巢已穿过上部肌肉与甲壳接触，并扩展到身体两侧。第2腹节背部的卵巢已挤开上部肌肉向上突出。卵巢呈绿色或棕色
Ⅳ期	产卵期。卵巢边缘突起部分已无卵粒，但在卵巢中部血管附近仍有大量小型卵粒，卵巢内部空虚，或仅存极少数卵粒，卵巢外形极不一致，且左右不对称，只剩非常薄的一层贴附在其上部的肌肉上
Ⅴ期	产后恢复期。卵母细胞已排空，卵原细胞在发育过程中

（5）摄食强度和胃含物样品

① 摄食强度：按胃含物的多少，分为4级（表1-6）。

② 胃含物样品：每次取虾类头胸部或胃50个，放入写有种名、编号、采样时间和站位号的标签，用体积分数为5%的甲醛溶液固定。

表1-6　虾类摄食强度等级辨别特征

摄食强度	辨别特征
0级	空胃
1级	胃内有少量食物
2级	胃内食物饱满，但胃壁不膨胀（半胃）
3级	胃内食物饱满，且胃壁膨胀（饱胃）

3. 蟹类

（1）性别和性比

按腹部形状区分雌、雄，记录于附录表1–4，并计算其百分比。头胸甲、腹部的长度和宽度如图1–9所示。

① 头胸甲长：从头胸甲的中央刺前端至头胸甲后缘的垂直距离。

② 头胸甲宽：头胸甲两侧刺之间的距离（必测要素）。

③ 腹部长：腹部弯折处至尾节末端的垂直距离。

④ 腹部宽：第5、第6腹节间缝的长度。

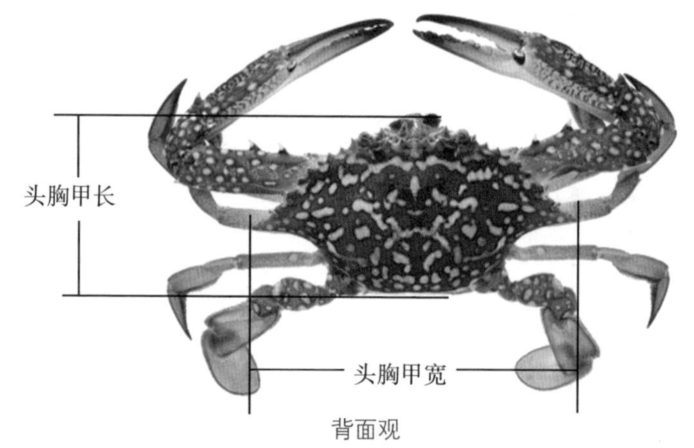

背面观

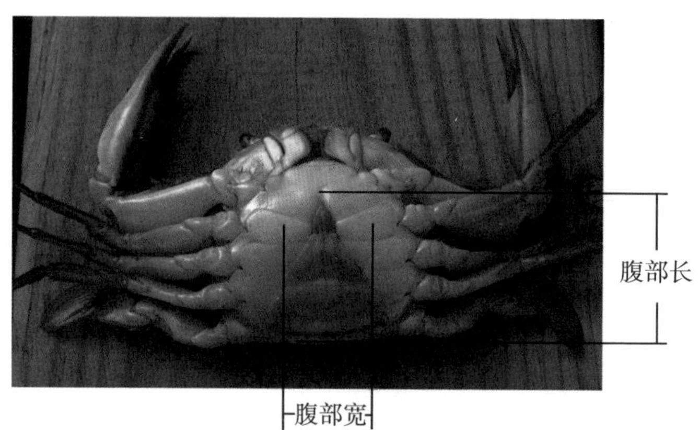

腹面观

图1–9　蟹类头胸甲、腹部的长度和宽度测量示意图

（2）体重

蟹体总质量。测定数据记录于附录表1–4。

（3）性腺成熟度

以梭子蟹为例，性腺成熟度分为6期（表1–7）。

表1–7 梭子蟹性腺成熟度辨别特征

性腺成熟度	辨别特征
Ⅰ期	尚未交配，腹部呈三角形，性腺未发育呈乳白色，肉眼很难分辨雌雄
Ⅱ期	已交配，雌体腹部由三角形变为椭圆形，体内的两个储精囊内各有一个精荚，性腺开始发育，卵巢呈乳白色或粉红色，细带状，肉眼可辨雌雄
Ⅲ期	卵巢呈淡黄色或黄红色，带状，肉眼可见细小的卵粒，但不能分离
Ⅳ期	卵巢发达，橘红色或红色，扩展到头胸甲的两侧，卵粒明显可见
Ⅴ期	卵巢发达且柔软，红色，腹部抱卵，卵粒大小均匀
Ⅵ期	已排过卵，卵巢退化，腹部抱卵

（4）交配率

雌性幼蟹腹部为狭长三角形，首次交配后，腹部变为椭圆形，体内的两个储精囊内各有一个精荚。

（5）摄食强度和胃含物样品

同虾类。

4. 头足类

（1）性别和性比

① 头足类的雄体具有茎化腕，其功能是在交配期把精荚传递给雌体。不同种类的茎化腕的形态不一样：乌贼类的茎化部分为吸盘骤然变小或消失；柔鱼类和枪乌贼类的茎化部分为吸盘变为肉突状；蛸类的茎化部分为在茎化腕的顶部形成的端器，端器由交接基、精沟和舌叶组成。

② 乌贼类的茎化腕为左侧第4腕；柔鱼类的茎化腕多数种类为右侧第4

腕，少数种为左侧第4腕或第4对腕，其中北太平洋产的柔鱼（巴特柔鱼）幼体时茎化腕的茎化部分很短，随着个体的增大才逐步增长；枪乌贼类为左侧第4腕；蛸类为右侧第3腕。观察结果记录于附录表1-5，并计算其百分比。

（2）胴体长度

以胴体背部中线的长度为胴体长度，即胴背长，不同类别测量位置有所差异。

① 无针乌贼，自胴体前端至后缘凹陷处。

② 有针乌贼，自胴体的前端至螵蛸的后端。

③ 柔鱼和枪乌贼，自胴体的前端至胴体末端，如图1-10所示。

④ 蛸类，不测胴体长度。

图1-10　头足类胴体长度测量示意图

（3）体重和纯体重

① 体重：头足类个体总质量。

② 纯体重：除去性腺、胃、肠、心、肝、鳃、墨囊、盲囊等内脏的个体质量。

（4）性腺成熟度

乌贼、枪乌贼和柔鱼类的性腺成熟度分为6期（表1-8、表1-9），茎柔鱼的性腺成熟度分为5期（表1-10），真蛸的性腺成熟度分为3期（表1-11）。

表1-8 乌贼性腺成熟度辨别特征

性腺成熟度	辨别特征
Ⅰ期	卵巢很小，卵粒大小相近，卵粒全不透明
Ⅱ期	卵巢较大，卵粒大小不一，小型的不透明卵占优势，有少数透明卵或半透明卵，并有花纹卵粒。输卵管内没有卵粒，缠卵腺较小
Ⅲ期	卵巢大，约占外套腔的1/4；卵粒大小不一，小型不透明卵很多，约占卵巢体积的1/2。输卵管中有卵粒，卵粒彼此相连，数量大约占全部卵数的1/3，有些卵粒还未成熟。缠卵腺较大
Ⅳ期	卵巢很大，约占外套腔的1/3；卵粒大小显著不同，小型不透明卵仍占多数，约占卵巢体积的1/3。输卵管中卵粒很多，数量约占全部卵数的1/2。缠卵腺很大，约占外套腔的2/5
Ⅴ期	卵巢十分膨大，约占外套腔的1/2；小型不透明卵很少，其卵径也小。输卵管中卵粒多而大，数量约占全部卵数的3/5；透明卵一般分离，呈草绿色。缠卵腺十分肥大，约占外套腔的1/2，呈白色，其中充满黏液，表面光滑发亮
Ⅵ期	已产过卵，卵巢萎缩，其中有少量卵粒稍呈灰褐色。输卵管松弛，呈黄色，尚有少数透明卵存在。缠卵腺干瘪，约占外套腔的1/3，略呈黄色，表面皱纹很多

表1-9 枪乌贼和太平洋褶柔鱼类性腺成熟度辨别特征

性腺成熟度	辨别特征
Ⅰ期	性腺未发育，很小，肉眼可从茎化腕尾部区分雌雄
Ⅱ期	发育期。雌体卵巢很小，呈带状；卵粒大小不一，全不透明。输卵管很小，管内没有卵粒。输卵管腺小，缠卵腺和副缠卵腺已形成，但还很小，副缠卵腺呈淡黄色。雄体精巢条状，前列腺肉眼略可见
Ⅲ期	未成熟期。卵巢约占外套腔的1/4，卵粒大小不一，小型白色不透明卵约占卵巢体积的1/2。输卵管中已有少数彼此相连的卵粒。输卵管腺增大呈乳白色，副缠卵腺已出现朱红色的斑点，缠卵腺增大。雄体前列腺增大，贮精囊明显，输精管末端膨大成精荚囊，并有少量精荚

续表

性腺成熟度	辨别特征
Ⅳ期	成熟（交尾）期。雌体卵巢大，约占外套腔的1/3；卵粒大小显著不同，白色小型的不透明卵占卵巢体积的1/3。输卵管中卵粒很多，数量约占卵数的1/2。输卵管腺出现微黄色的小点；副缠卵腺有黄豆大，朱红色的斑点多；缠卵腺肥大，呈乳白色。已交尾，受精囊中有精子。雄体精巢很大，贮精囊和精荚囊均饱满，轻压阴茎，精荚能排出，轻触精荚，能弹出精子
Ⅴ期	完全成熟（产卵）期。雌体卵巢十分膨大，约占外套腔的1/2；小型不透明的卵很少，输卵管中的卵粒多而大、透明分离，约占全部卵数的3/5。输卵管腺呈黄褐色，生殖孔大而松弛；整个副缠卵腺均呈朱红色；缠卵腺十分肥大，白色，表面光滑，可占外套腔的1/3。雄体的精巢缩小，比精荚囊还小，精荚囊中精荚饱满，挤到阴茎附近
Ⅵ期	产后期。雌体已产过卵，卵巢萎缩，尚存的少量卵粒稍呈灰色；输卵管松弛，呈黄色，仅存少量透明卵。副缠卵腺暗红色，缠卵腺干瘪呈淡黄色，表面有皱纹，约占外套腔的1/4。生殖孔松弛破裂，呈雨伞状。雄体已完成交尾行为，精巢和前列腺萎缩，呈淡灰色，精荚囊至阴茎存有少量精荚，有的精荚膜已破裂，精子溢出。产后的雌体消瘦尖细，胴体肌肉很薄，雄体的眼睛浑浊

表1-10　茎柔鱼性腺成熟度辨别特征

性腺成熟度	辨别特征
Ⅰ期	未成熟期。雌体，缠卵腺细小而透明，输卵管尚未形成，卵粒未出现。雄体精巢白色，纤维质，精荚器官细小，透明至半透明，精荚囊空瘪无物
Ⅱ期	成熟中。雌体卵巢具颗粒状表面，缠卵腺呈灰白色和奶油色，输卵管不很明显。雄体精巢呈奶油色，精荚囊内有少数白色微片
Ⅲ期	成熟期。雌体整个输卵管约占外套腔的1/3，卵呈深橘黄色，缠卵腺呈白色，与输卵管大小相近。雄体精荚囊内充满精荚，精巢呈白色，体积增大

续表

性腺成熟度	辨别特征
Ⅳ期	产卵期。雌体输卵管缩小，内有少数卵粒，缠卵腺缩小以至于瘦瘪，呈白蔷薇色。雄体精荚囊软，半透明，大小均等，内有残余精荚。性器官萎缩期开始
Ⅴ期	产后期。雌体产完卵，性器官处于明显的萎缩期，缠卵腺几乎空瘪并明显缩小

表1–11 真蛸性腺成熟度辨别特征

性腺成熟度	辨别特征
Ⅰ期	未成熟期。雌体卵巢乳白色。雄体精荚囊中无精荚
Ⅱ期	半成熟期。雌体卵巢略呈黄色，不透明。雄体精荚囊中有精荚
Ⅲ期	成熟期。雌体卵巢黄色，透明。雄体精荚囊中充满精荚

（5）摄食强度和胃含物样品

同鱼类。

六、资料整理

（一）拖网卡片

1. 计算各站次和各航次渔获物种类组成

首先把留取部分样品的种类（含非游泳动物种类）质量和尾数换算成该站次总渔获量的质量和尾数，然后计算各站次每小时拖网获得的渔获物种类的质量（kg/h）和尾数及其百分比，把计算结果记录于附录表1–1中。把鱼、虾、蟹类和头足类按其分类系统的顺序列出种名（学名），分别记录于附录表1–6，统计该航次（月份或季度或全年）的种类组成。

2. 绘制各站总渔获量和主要种类数量分布图

一般以不同大小的实心圆或含有不同图案的圆圈表示。取值标准可由电脑自动分级，也可根据数值的分布状况人为分级。图示的单位一般有kg/h和尾数/小时两类。

3. 绘制各航次（月份或季度或年份）调查的游泳动物种类组成和数量的百分比图

一般以圆圈图案或柱形图表示，图示单位为百分比（%）。

（二）生物学测定资料

每种生物样品按雌、雄分别整理，测定尾数不多时，可合并整理。

1. 长度（长度包括体长、叉长、肛长等，在此用长度为宜）组成

（1）各站次的长度组成：将每次测定的个体长度资料按长度组整理，统计其分布频数、频率，最小和最大个体长度，优势个体长度组的范围和比例，求算平均长度。鱼类的个体长度组一般均以10 mm为一组距。幼鱼、虾类等个体小的，可以2 mm或5 mm为一组距。若遇体长正好落在个体长度组端点上时归为上一组。

（2）不同渔场、海区、时间的长度组成：按不同的渔场、海区、月份、季度等统计其长度组成。

2. 质量组成

质量组成与长度组成的要素和方法相同。体重组的组距视体重分布的范围具体确定。

3. 年龄鉴定和统计

（1）根据所采的各鱼种的鳞片或耳石或脊椎骨或硬棘鳍条鉴定年龄，记录于附录表1–2。

（2）年龄归组：从年轮形成到当年12月底，以年轮数代表年龄，记为0，1，2，3，4，…，n。从次年1月开始到新年轮出现前则以年轮数加“+”表示年龄，记为0^+，1^+，2^+，3^+，4^+，…，n^+。归组时将0^+和1，1^+和2，…，n^+和$n+1$归入同年龄组。

（3）统计每次样品中各龄鱼在各体长组和体重组中的分布及其占总尾数的比例。计算各年龄组的平均长度和平均体重。

4. 性腺资料分析

（1）分别统计雌、雄鱼尾数，计算其所占的百分比。

（2）统计雌、雄鱼性腺成熟度各期的尾数，计算其所占的百分比。

① 计算性腺成熟系数，计算公式：

$$K_m=\frac{W_s}{W_P}\times 1000 \tag{1-1}$$

式中，K_m——性腺成熟系数（10^{-3}）；

W_s——性腺质量，单位为g；

W_P——鱼体纯体重，单位为g。

② 性腺性成熟系数的计算结果记录于附录表1–2。

③ 虾、蟹及头足类等用以上方法统计计算，其结果记录于附录表1–3 ~ 附录表1–5。

（3）计数怀卵量，将保存的卵巢样品吸干外表的水分，用感量0.01 g的天平称总质量，然后将卵巢中的卵粒充分混合后，用感量0.001 g的天平称出0.2 ~ 1 g的卵子（视卵粒大小而定），取双样计数，误差为 ± 5%。计算卵子总数量（怀卵量），并记录于附录表1–7。

5. 摄食强度和胃含物分析

（1）按雌、雄分别统计各摄食等级的尾数，计算其所占的百分比。

按雌、雄鱼分别计算每尾鱼的饱满系数，计算公式：

$$K_f=\frac{W_e}{W_P}\times 1000 \tag{1-2}$$

式中，K_f——饱满系数（10^{-3}）；

W_e——消化道内食物质量，单位为g；

W_P——鱼体纯体重，单位为g。

饱满系数的计算结果记录于附录表1–2 ~ 附录表1–5。

（2）分析胃含物，将胃含物样品吸去水分，用感量0.01的天平称总质量。计数胃含物中各种饵料生物的个数，并分别称重。对鉴别出的各种饵料生物，按个数和各种成分的质量计算其百分比。

（3）绘制饵料生物个数和质量的组成图。

（三）撰写调查航次小结或监测调查报告

撰写调查航次小结或监测调查报告的主要内容包括调查目的意义、调查时间、调查海区范围、调查船只、调查网具类型和规格、参加调查的主要科研人员和船长等、调查执行情况、调查取得的主要结果、存在的主要问题和建议等。同时还要附上实际调查站位和航线图、总渔获量和主要渔获种类渔获量分布图等。

七、调查报告编写

调查报告应包括以下主要内容。

（一）项目背景

应对调查项目来源、调查目的和调查海域范围等进行详细阐述。

（二）调查方法

应详细说明站位布设、调查时间、调查频率、调查要素、样品采集、样品保存、样品分析和数据处理方法等。

（三）调查结果

应对调查海域调查对象生物的种类组成、密度、生物量、优势种及优势度、生物多样性指数和均匀度指数等进行详细阐述。

（四）图表绘制

可用Surfer等绘图软件绘制密度和生物量平面分布图。

绘制密度和生物量平面分布图，可用等值线或不同大小的圆圈作图表示，取值标准可视具体情况设计使用。

附录应附调查海域调查对象物种的中文名、学名等。

实习 2 浮游植物调查

一、实习目的

通过对浮游植物的调查采样、鉴定与分析，掌握浮游植物调查及评价的方法。

二、实验器材

调查船、绞车及钢丝绳、采水器、小型浮游生物网或浅水Ⅲ型浮游生物网、流量计、沉锤、水泵、显微镜、沉降器、滤器、抽滤瓶、手持泵或真空泵、计数框、标本瓶、酒精、甲醛、鲁氏碘液、戊二醛、手套、毛巾、卫生纸、记录本、铅笔、橡皮、标签贴等。

三、技术要求

（一）样品采集

浮游植物调查一般采取采水和拖网两种方式采样。

采水样：水深大于200 m的海区，每次采水量不少于1 000 cm^3；水深小于200 m的海区，每次采水量不少于500 cm^3；发生富营养化或赤潮的水域，每次采水量为100 cm^3。

拖网采样：水深大于200 m的海区，拖网深度为水深200 m至表垂直拖网；水深小于200 m的海区，由底至表垂直拖网。如需分层采样，可根据站位深度规定采样水层，采取垂直分段采样。

对于连续观测，在水深小于50 m的海区，每3 h采样1次，共采9次；在水深大于50 m的海区，每4 h采样1次，共采7次。

（二）种类鉴定

除需做特殊处理的微微型浮游植物、微型浮游植物种类以及培养观察的特殊类群之外，原则上鉴定到种的标本比例应在80%以上，鉴定到属的比例应在90%以上。

水采样品每次实际标本镜检数不少于100个，网采样品每次实际标本镜检数不少于500个。

（三）调查要素

调查要素包括浮游植物的种类组成、优势种和数量分布（时间、空间分布）。

四、样品采集

（一）采水样

主要采集特定水层个体小于20 μm的微型金藻、微型甲藻、微型硅藻、无壳纤毛虫和领鞭虫等样品。

使用采水器按预定水层和规定量采集浮游植物样品，装入样品瓶并做采样记录于附录表2–1。

（二）拖网采样

主要采集水柱中个体为20 ~ 200 μm的绝大部分小型浮游植物。

按不同水深选用小型浮游生物网或浅水Ⅲ型浮游生物网进行垂直拖网。每次下网前应检查网具是否破损，发现破损应及时修补或更换网具；检查网底管和网口流量计是否处于正常状态；放网入水，当网口贴近水面时，应调整计数器指针于零的位置；落网速度为0.5 m/s；当网具距离海底2 m时，应立即停止落网，记下绳长。

网具到达海底后立即起网，起网速度为0.5 ~ 0.8 m/s，网口未露出水面前不可停车。把网升至适当高度，用冲水设备自上而下反复冲洗网衣外表面，使黏附于网上的标本集中于网底管内，收集网底管内的样品，装入样品瓶并做采样记录于附录表2–1。

（三）样品固定处理

样品用鲁氏碘液或甲醛溶液固定，加入量分别为样品体积的1%和5%，视样品实际浓度可适当做增减。如需要对样品做电镜观察分析，则选用戊二醛固定，加入量根据样品浓度为样品体积的2% ~ 5%。

五、样品分析

（一）样品编号

各类样品须有总编号。总编号由代表采样海区、采样方式、使用网型、采样年份和样品序号等内容的代号依次组成。每个样品瓶外须贴有总编号的外标签，瓶内须放有总编号、站号和采样日期等内容的内标签。

（二）样品分类鉴定

在有条件情况下，样品鉴定尽量采用活体与固定样品相结合、网采与水采样品相结合的方法，以尽可能获取水体中浮游植物群落的真实信息。定量计数一般以采水样品为准，水柱的定量计数以网采样品为准，网采样品可作为种类组成分析的补充和某些个体大于拖网筛绢孔径的种类的定量计数。

（三）丰度测定

1. 沉降计数法

一般用于采水样取得的微型浮游植物计数。

方法：将水样或混合样（根据调查性质及不同要求，由50 cm^3或100 cm^3等量的数层水样混合而成）每份取3个分样，分别装满3个等体积的沉降器（10 ~ 20 cm^3），加盖玻片静置24 h后，使用倒置显微镜鉴定、计数。取样体积应视样品浊度和浮游植物密度而定。

2. 浓缩计数法

可用于网采或采水样品的浮游植物计数。

方法：视样品中浮游植物数量多少，浓缩或稀释至适当体积，用取样管搅拌均匀，迅速将取样管直立于样品中，准确地一次吸取所需体积并移入浮游植物计数框，加盖玻片后进行鉴定和计数；浮游植物的计数视其数量多少确定计数的全部、1/2或1/4，每个样品重复计数3次。

六、资料整理

（一）丰度计算

水样浮游植物细胞丰度以“个/毫升”或“个/升”表示，网采浮游植物细胞丰度以“个/立方米”表示。

1. 沉降计数法

细胞丰度按下式进行计算：

$$C=\frac{N_i}{V_i} \tag{2-1}$$

式中，C——单位体积海水中的标本总量，单位为个/毫升；

N_i——3个分样计数的标本总个数，单位为个；

V_i——3个分样的总体积，单位为mL。

2. 浓缩计数法

（1）浮游生物网网采样品

浮游生物网网采样品按下式计算：

$$C=\frac{n\cdot V_1}{V_2\cdot V_n} \tag{2-2}$$

式中，C——单位体积海水中的标本总量，单位为个/立方米；

n——取样计数个数，单位为个；

V_1——水样浓缩后的体积，单位为mL；

V_2——滤水量，等于网口面积×绳长，单位为m^3；

V_n——取样计数的体积，单位为mL。

（2）水样样品

水样样品按下式计算：

$$C=\frac{n'\cdot V'_1}{V'_2\cdot V'_n} \tag{2-3}$$

式中，C——单位体积海水中的标本总量，单位为个/升；

n'——取样计数个数，单位为个；

V'_1——水样浓缩后的体积，单位为mL；

V'_2——原采水量，单位为L；

V'_n——取样计数的体积，单位为mL。

（二）群落分析指数计算

浮游植物优势度、生物多样性指数和均匀度指数可按以下公式进行计算。

1. 优势度

按下式计算各物种的优势度：

$$Y=\frac{n_i}{N}\cdot f_i \tag{2-4}$$

式中，n_i——第i种类的数量；

N——总数量；

f_i——第i种类的出现频率。

当优势度$Y\geqslant 0.02$时，确定该物种为优势种。

2. 多样性指数

按下式计算各评价指标的Shannon-Wiener多样性指数H'：

$$H'=-\sum_{i-1}^{s}P_i\log_2 P_i \tag{2-5}$$

式中，P_i——第i种类的个体数占总个体数的比例。

利用多样性指数对其平面分布进行阐述。

3. 均匀度指数

按下式计算各评价指标的均匀度指数J'：

$$J'=\frac{H'}{\log_2 S} \tag{2-6}$$

式中，S——总种类数。

实习 3 浮游动物调查

一、实习目的

学习浮游动物的调查采样、鉴定与分析，掌握浮游动物调查及评价的方法。

二、实验器材

调查船、绞车及钢丝绳、大型浮游生物网、中型浮游生物网、浅水Ⅰ型浮游生物网、浅水Ⅱ型浮游生物网、流量计、沉锤、水泵、显微镜、沉降器、计数框、标本瓶、酒精、甲醛、戊二醛、手套、毛巾、卫生纸、记录本、铅笔、橡皮、标签贴等。

三、技术要求

（一）样品采集

浮游动物调查根据调查海域水深情况和采集对象大小选择使用大、中型浮游生物网或浅水型浮游生物网采样。

对于大面观测，在水深大于200 m的海域垂直拖网深度为200 m，水深不足200 m的海域从底至表拖曳。

对于断面观测垂直分段拖网水层，根据测站或采集深度规定采样水层，如表3–1所示（有些专项调查可视研究对象或已知的现场温、盐等跃层分布状况酌情调整）。

表3-1　大中型浮游生物垂直分段采样水层　　单位：m

测站或采集深度	采样水层
<20	0～10，10～底
[20，30)	0～10，10～20，20～底
[30，50)	0～10，10～20，20～30，30～底
[50，100)	0～10，10～20，20～50，50～底
[100，200)	0～20，20～50，50～100，100～底
[200，300)	0～20，20～50，50～100，100～200，200～底
[300，500)	0～20，20～50，50～100，100～200，200～300，底～300
[500，1000]	0～50，50～100，100～200，200～300，300～500，底～500
>1000	0～50，50～100，100～200，200～300，300～500，500～1 000

注：1 000 m以深采样水层视调查对象而定。

对于连续观测，水深小于50 m的每3 h采样一次，共采9次；水深大于50 m而采样深度在500 m以浅的每4 h采样一次，共采7次，亦可视研究对象酌情缩短采集的间隔时间，并相应增加采样次数。采样深度大于500 m的采集间隔时间与相应的采样次数视具体情况而定。

（二）样品鉴定分析

样品分析要求90%以上的物种鉴定到种（幼体除外），并按种计数。

样品测定精度要求湿重生物含量测定 ±1 mg。

（三）调查要素

调查要素包括大、中型浮游动物种类组成和数量分布（时间、空间分布）。

四、样品采集

（一）网具选择

浮游动物样品采集常用的网具包括浅水Ⅰ、Ⅱ型浮游生物网和大、中型浮游生物网。

大型浮游生物网和浅水Ⅰ型浮游生物网分别适用于采集深度为30 m以深和30 m以浅站位的大、中型浮游动物和鱼类浮游生物样品采集。

中型浮游生物网和浅水Ⅱ型浮游生物网分别适用于采集深度为30 m以深和30 m以浅站位的中、小型浮游动物样品采集。

（二）垂直拖网采样

选择合适的网具自底至表垂直拖曳采集浮游动物样品。每次下网前应检查网具是否破损，网底管和流量计是否处于正常状态。下网时速度一般不能超过1 m/s，以钢丝绳保持紧直为准。网具到达海底或预定水层可立即起网，起网速度保持0.5 m/s左右，网口未露出水面前绞车不可停止，钢丝绳倾角不得大于45°；如果遇到大于45°时，只能作为定性样品。把网升至适当高度，用冲水设备自上而下反复冲洗网衣外表面，使黏附于网上的标本集中于网底管内，收集网底管内的样品，装入样品瓶并做采样记录于附录表3-1。

（三）分层拖网采样

分层采集，应在网具上装置闭锁器，按规定层次逐一采样。下网前应使网具、闭锁器、钢丝绳、拦腰绳等处于正常采样状态，下网时按垂直采样方法。网具放至预定采样水层下界时应立即起网，速度同垂直拖网。当网具将达采样水层上界时，应减慢速度（避免绞车停止，以防样品外溢），提前打下沉锤，当钢丝绳出现瞬间松弛或振动时，说明网具已关闭，可适当加快起网速度直至网具露出水面。之后，将闭锁状态的网具恢复成采样状态，按垂直拖网法冲网，收集和固定样本，并做采样记录于附录表3-2。

（四）样品固定处理

样品用中性甲醛溶液固定，加入量为样品体积的5%。如需要对样品做电镜观察分析，则选用戊二醛固定，加入量根据样品浓度为样品体积的2%～5%。

五、样品分析

（一）样品编号

各类样品须有总编号。总编号由代表采样海区、采样方式、使用网型、采样年份和样品序号等内容的代号依次组成。每份贮存样品的瓶外须贴有总编号的外标签，瓶内须放有总编号、站号和采样日期等内容的内标签。

（二）样品生物量测定

去除样品中的杂物，取网孔略小于采样网孔的筛绢（JF或JP），剪成与漏斗内径相同的圆块，用水浸湿后沥干称重，并做标定质量的标记，可多次使用。测定时，将标定质量的筛绢平铺于漏斗中，倾入样品抽滤片刻，移出载有样品的筛绢至吸水纸上吸去筛绢底表多余水分，最后使用电子天平称重。从总质量减去筛绢质量即得样品湿重，换算成浮游动物湿重生物量（g/m^3）。称重完毕，将样品倒回原样品瓶，供种类鉴定和计数用。

（三）样品鉴定与计数

将样品倒入浮游生物计数框中，于体视显微镜下鉴定计数。若样品数量较大，可先挑拣出个体大的标本（如水母、虾类、箭虫）全部计数，其余样品稀释成适当体积，用浮游生物取样器取样计数。

计数时一般以种为单位分别计数；优势种、常见种应力求鉴定到种。生物量测定时，遇有含水量多的、较大型的浮游动物（如水母、海樽），应在所填表格相应的备注栏里注明，以备查用。所有浮游动物的残损个体，按有头部的计数。填表或计算时，应注意样品体积、取样计数量、样品稀释倍数及滤水量等的换算。

经鉴定、计数后的所有样品，需收集装回原标本瓶中妥善保存，以备复查或进一步深入研究。长期保存样品的标本瓶密封性能应好，必要时可封蜡保存。样品的内、外标签应完整。

六、资料整理

（一）湿重生物量计算

1. 滤水量计算

根据绳长利用下式计算滤水量：

$$V=S \cdot L \tag{3-1}$$

式中，V——滤水量，m^3；

S——浮游生物网网口面积，m^2；

L——采样时放出的绳长，m。

2. 湿重生物量计算

湿重生物量计算如下式：

$$B=\frac{S}{V} \tag{3-2}$$

式中，B——湿重生物量，mg/m^3；

S——样品湿重，mg；

V——滤水量，m^3。

（二）个体数的计算

浮游动物个体数计算如下式：

$$N=\frac{n \cdot a}{V} \tag{3-3}$$

式中，N——每立方米水体中的个体数，个/立方米；

n——取样计数所得的个体数，个；

V——滤水量，m^3；

a——取样体积与样品总体积数之比。

（三）群落分析指数计算

浮游动物优势度、生物多样性指数和均匀度指数计算方法同浮游植物。

实习 4 鱼卵及仔、稚鱼调查

一、实习目的

学习对鱼卵及仔、稚鱼的采样和鉴定，分析鱼卵及仔、稚鱼的种类组成和数量分布（时间、空间分布），掌握鱼类浮游生物调查及评价的方法。

二、实验器材

调查船、绞车及钢丝绳、浅水Ⅰ型浮游生物网或大型浮游生物网、流量计、沉锤、水泵、电子天平、计数框、GPS定位设备、标本瓶、酒精、甲醛、手套、毛巾、卫生纸、记录本、铅笔、橡皮、标签贴等。

三、技术要求

（一）垂直或倾斜拖网深度

水深大于200 m的海区拖网深度为200 m至水表层垂直拖网或斜拖，水深小于200 m的则由底至表垂直拖网或斜拖。

（二）水平拖网深度

水平拖网深度为0 ~ 3 m。

（三）垂直或倾斜分段拖网水层

根据站位水深、调查性质和目的来确定。

（四）种类鉴定

主要鱼卵及仔、稚鱼应鉴定到属或科。

（五）调查要素

调查要素包括鱼卵及仔、稚鱼的种类组成和数量分布（时间、空间分布）。

四、样品采集

（一）定性采样

一般在海水表层（0～3 m）或其他水层进行水平拖网10～15 min，船速为1～2 kn。所用网具、水层及拖网时间应分别根据调查的目的和调查海区的鱼卵和仔、稚鱼密度来决定，并记录于附录表4–1。

（二）定量采样

由海底至海面进行垂直或倾斜拖网。落网速度为0.5 m/s，起网速度为0.5～0.8 m/s。也可采用定性采样方法进行采样，但网口需系流量计。所用网具见表4–1，并记录于附录表4–1。

30 m以浅海域应采用浅水Ⅰ型浮游生物网垂直取样，30 m以深海区应采用大型浮游生物网垂直取样或用双鼓网（即Bongo网）倾斜取样。此外可根据海区位置或水深，调查的性质、目的和采样对象选用不同的网具，见表4–1。

表4–1　鱼卵及仔、稚鱼网具的规格及适用对象

序号	网具名称	网长/cm	网口内径/cm	网口面积/m^2	筛绢规格（孔径近似值/mm）	适用范围、采集方法和对象
1	大型浮游生物网	280	80	0.5	CQ14（0.505） JP12（0.507）	我国最常用的网具，适用于表层水平拖曳及30 m以深、200 m以浅垂直采集鱼卵和仔、稚鱼
2	浅水Ⅰ型浮游生物网	145	50	0.2	CQ14（0.505） JP12（0.507）	适用于30 m以浅垂直采集鱼卵和仔、稚鱼

续表

序号	网具名称	网长/cm	网口内径/cm	网口面积/m²	筛绢规格（孔径近似值/mm）	适用范围、采集方法和对象
3	双鼓网	360	60	0.28	CQ14（0.505） JP12（0.507）	这是联合国粮农组织推荐的国际上通用的双联网。适用于倾斜采集鱼卵和仔、稚鱼。网口须系流量计
		360	60	0.28	CQ20（0.336） JQ20（0.322）	适用于研究鱼卵和仔、稚鱼逃脱网具问题
4	北太平洋浮游生物标准网	180	45	0.16	CQ20（0.336） JQ20（0.322）	国际上常用的网具。适用于定量垂直或平拖采集鱼卵和仔、稚鱼
5	WP3网	279	113	1.0	JP7（1.025）	适用于采集个体较大且活动力强的仔、稚鱼

注：采用序号1～4的网型垂直或斜拖取样时，应结合大型浮游生物网表层平拖取样作为定性样品。

（三）样品处理

样品用中性甲醛溶液固定，加入量为样品体积的5%。

五、样品分析

（一）样品编号

各类样品的总编号应根据采样海区、采样方式、采用网型、采样年份和样品序号等内容的代号依次编写，填写在附录表4–2。

（二）填写标签

每份保存样品除在瓶外贴有总编号的外标签外，瓶内还应放有总编号、站号和采样日期等内容的内标签。

（三）种类鉴定

1. 鱼卵鉴别

首先了解并掌握该海区、该季节出现的鱼种及其产卵期，以判断可能出现鱼卵的种类。在此基础上，根据不同发育阶段的卵子比较“稳定”的形态和生态学特征，包括卵子类型、卵子大小及形状、卵膜、卵黄、油球及胚胎特征等特征进行鉴别。

2. 仔、稚鱼鉴别

（1）仔鱼期：鱼体的形状，卵黄囊的形状，油球在卵囊中的位置，肛门的位置，鳍膜的形状，肌节数目以及色素的形状、颜色和分布等都是鉴别仔鱼种类的主要特征。

（2）仔鱼后期：从测定鱼体长度、体长与各部分比例，肛门开口的位置，肌节数目以及色素的类型和排列，各鳍原基或鳍条的形状和位置等方面进行鉴别。

（3）稚鱼期：鉴定要点除与仔鱼后期相同外，更应注意头部和尾部的形状、鳍条的数目和脊椎骨的数目等可数性状和量度特征。

（四）鱼卵和仔、稚鱼个体数

个体数以定量样品为准，定性样品为参考，结果记录于附录表4-3。

六、资料整理

（一）丰度的计算

1. 垂直采集的样品

$$G=\frac{N}{V} \tag{4-1}$$

式中，G——单位体积海水中鱼卵或仔、稚鱼个体数，单位为粒/立方米或尾/立方米；

N——全网鱼卵或仔、稚鱼个体数，单位为粒/立方米或尾/立方米；

V——滤水量，单位为m^3。

2. 平拖、斜拖或垂直取样（网口系流量计）

$$G_a = \frac{N_a}{S \cdot L \cdot C} \tag{4-2}$$

式中，G_a——单位体积海水中鱼卵或仔、稚鱼个体数，单位为粒/立方米或尾/立方米；

N_a——全网鱼卵或仔、稚鱼个体数，单位为粒或尾；

S——网口面积，单位为m^2；

L——流量计转数；

C——流量计校正值。

3. 水平拖曳样品（定性）

以粒/网或尾/网计算。

（二）填写记录表

将鉴定、计数及计算数据填写附录表4-2～附录表4-3。

实习 5 大型底栖生物调查

一、实习目的

通过对近岸海区大型底栖生物的调查采样、鉴定和分析，掌握大型底栖生物调查与评价的方法。

二、实验器材

调查船、绞车、抓斗式采泥器、箱式采泥器、漩涡分选装置、筛网、电子秤、电子天平、计数框、GPS定位设备、标本瓶、酒精、甲醛、手套、毛巾、卫生纸、记录本、铅笔、橡皮、标签贴等。

三、技术要求

（一）采泥样面积

采泥样面积每站不小于0.2 m^2。

（二）套筛孔径

套筛上层筛孔径为2.0 ~ 5.0 mm，中层为1.0 mm，底层为0.5 mm。

（三）生物量测定精密度

湿重生物量 ± 0.01 g，干重 ± 0.1 mg。烘干温度70℃ ~ 100℃。

（四）拖网采样船速

拖网采样船速必须在2 kn左右。

（五）种类鉴定计数

常见种必须鉴定出种名，按种计数。

（六）调查要素

调查要素包括测定生物量、栖息密度、种类组成、数量分布及其群落结构。

四、样品采集

（一）采泥

1. 采泥器选择

使用面积为0.05 m^2的采泥器时，每站采5个平行样品；使用0.1 m^2的采泥器时，每站采2～4个平行样品；使用0.25 m^2的采泥器时，每站采1或2个平行样品。

常用的采泥器有抓斗式采泥器和箱式采泥器。

（1）抓斗式采泥器（图5-1）：水深小于200 m的海区一般使用采样面积为0.1 m^2的采泥器，水深大于200 m的海区使用采样面积为0.25 m^2的采泥器。港湾调查可酌情使用0.05 m^2的采泥器。

图5-1　抓斗式采泥器

（2）箱式采泥器：一种箱式采泥器的采样体积为500 mm × 500 mm × 500 mm（图5–2右图）。另一种小型箱式采泥器的采样体积为250 mm × 250 mm × 250 mm（图5–2左图）。深海取样或取分层泥样时，应使用箱式采泥器。

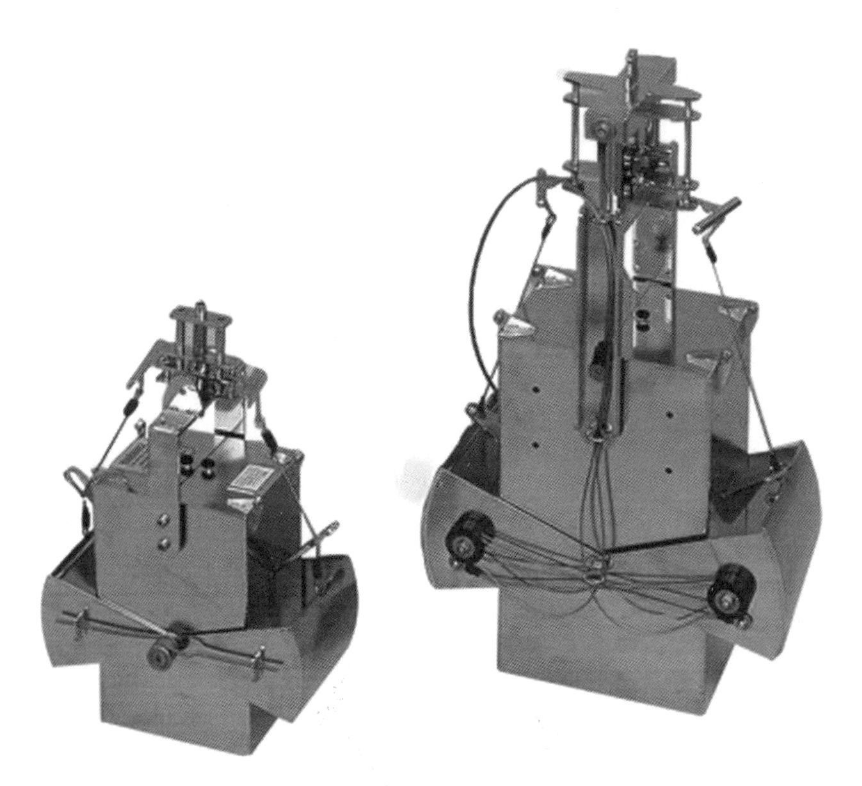

图5–2　两种采样体积不同的箱式采泥器

2. 泥样淘洗

漩涡分选装置由筒体、漩涡发生器、分流器、支架和余渣收集盘组成，专供淘洗泥样及分选标本，如图5–3所示。

套筛由三层不同孔径的筛子和支架组成，上层筛的孔径为2.0 ~ 5.0 mm，中层为1.0 mm，下层为0.5 mm。套筛必须与漩涡分选装置配合使用。

采用漩涡分选装置淘洗时，泥样分批倒入筒体，应注意调节分流龙头开关至较大颗粒沉积物不致搅起溢出筒体。

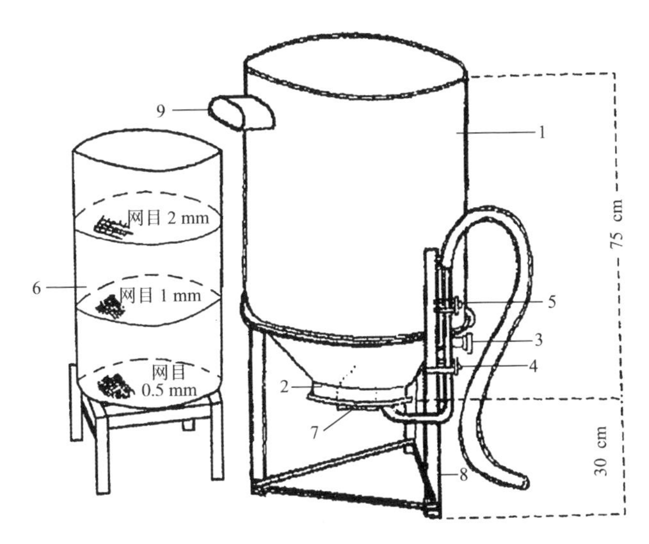

1. 筒体；2. 漩涡发生器；3. 进水管；4. 进水阀；5. 分流阀；

6. 生物收集器；7. 排渣阀；8. 支架；9. 出水口。

图5-3　漩涡分选装置

（二）拖网

调查船航速在2 kn左右，航向稳定后投网。拖网绳长一般为水深的3倍，在近岸浅水区调查的拖网绳长应为水深3倍以上，拖网时间为15 min；水深1 000 m以深的深海调查的拖网绳长为水深的1.5 ~ 2倍，拖网时间为30 min ~ 1 h。

常用的大型底栖生物拖网为阿氏拖网，一般根据调查海区水深不同选择不同的规格。水深小于200 m的海区调查一般使用网口宽度为1.5 ~ 2.0 m的拖网；港湾调查可用网口宽度为0.7 ~ 1.0 m的拖网；在大洋深海调查一般采用网口宽度为2.5 ~ 3.0 m的拖网。

（三）样品处理

1. 采泥和拖网样品

采泥和拖网样品应按生物类别、个体大小、个体软硬（柔软脆弱者和坚硬带刺者）分别装瓶。

2. 定量采泥样品

定量采泥样品应全部取回（包括余渣）。

3. 定性拖网所获得的样品

样品数量过大时，可取总质量的一小部分称重，计算每个种的个体数，经换算得到总个体数。对于数量大且定名准确的种类，可保留一定数量供生物学等测定，其余计数和称重后可倾弃。称重和计数结果记录于附录表5-1。

4. 具有典型生态意义的标本

具有典型生态意义的标本应拍照、观察并记录。

5. 固定和保存

（1）固定液

常用固定液包括中性甲醛溶液、丙三醇乙醇溶液、甲醛乙醇混合液、布因（Bouinn）固定液、四氯四碘荧光素染色剂固定液等。

中性甲醛溶液：体积分数为5%的甲醛溶液加十水四硼酸钠或六亚甲基四胺。

丙三醇乙醇溶液：体积分数为75%的乙醇溶液加体积分数为5%的丙三醇溶液。

甲醛乙醇混合液：体积分数为2%的甲醛溶液与体积分数为50%的乙醇溶液等量混合。

布因固定液：三硝基苯酚（苦味酸）饱和溶液75 cm^3、甲醛溶液25 cm^3、冰乙酸5 cm^3。

四氯四碘荧光素染色剂固定液：1 g四氯四碘荧光素溶于1 dm^3体积分数为10%的甲醛溶液中。

（2）固定和保存方法

① 采泥和拖网样品，应按类别使用不同的固定液。暂时性保存使用体积分数为5%～7%的中性甲醛溶液，永久性保存应用体积分数为75%的丙三醇乙醇溶液或体积分数为75%的乙醇溶液。

② 大型藻类一般用体积分数为6%的甲醛溶液保存。

③ 海绵动物先用体积分数为85%的乙醇溶液固定，后换体积分数为75%的乙醇溶液加体积分数为5%的丙三醇溶液保存。

④ 腔肠动物、纽形动物、环节动物以及部分甲壳动物先以薄荷脑或硫酸镁麻醉，后换体积分数为5%的中性甲醛溶液固定。纽形动物应用布因固定溶

液固定12～24 h后，按顺序用体积分数为30%、50%、70%的乙醇溶液浸洗至无色时止，最后用体积分数为70%的乙醇溶液保存，供切片用。

⑤ 星虫类、螠虫类、腕足动物、软体动物、部分甲壳动物、棘皮动物和鱼类直接用体积分数为5%的中性甲醛溶液固定。个体较大的鱼类和头足类样品（0.25 kg以上），应将体积分数为10%的甲醛溶液注射入腹腔。海胆在固定前应先刺破围口膜。

⑥ 余渣用四氯四碘荧光素染色剂固定液固定，便于室内标本的挑拣。

按上述方法固定的样品，如果超过两个月未能进行分离鉴定，应更换一次固定液。

（3）记录

每站采样结束，应立即填写附录表5-1，表中“采泥样品总数”“拖网样品总数”系指每站获得的各类别生物分离后的瓶数和包数。记事栏记录该站位的工作情况。

（4）填写标签

每瓶样品需投入标签。放入样品桶的样品，应先用纱布包装，并另加一个竹签。

五、样品分析

（一）样品核对

每个航次结束时，应认真核对样品和采样记录是否相符。

（二）样品编号

样品一般按调查采样站位先后、采泥和拖网序号等先后以代号编排。称重结果记录于附录表5-2。

（三）样品登记

调查船返航后，应及时处理采泥和拖网样品。将样品按分类系统排列编号，并分别记录于附录表5-2和附录表5-3。每瓶样品（包括样品桶内的样品）应换以新编号的标签，并同时核对。

（四）样品鉴定、计数

（1）鉴定时，若发现某编号样品中出现不同种的生物，应立即分开，另编新号，并及时填写相应记录表，同时投放鉴定标签。

（2）易断的纽虫、环节动物按头部计数；软体动物的死壳不计数；数量多时，可取其中一部分称重计数，经换算得到总数。

（五）测定生物量

（1）测定湿重生物量。

（2）称重时，管栖动物应剥去管子（小管可保留）；寄居蟹应去螺壳称重；软体动物一般不去贝壳，但需吸尽壳表的水分。

（3）个体大、数量多的软体动物的壳和肉分别称干、湿重。

（4）有孔虫、石珊瑚和部分钙质苔藓虫可不计重。

六、资料整理

（一）定量泥样资料

1. 计算

将种类个体数和生物量分别换算为个/平方米和g/m^2。

2. 数据汇总

列表统计各站所获得的种类或类群的栖息密度和生物量。

3. 栖息密度和生物量百分数图

用圆形图或柱状图或矩形图表示各类群生物的栖息密度和生物量分别占总栖息容度和总生物量的百分数。

4. 栖息密度和生物量分布图

（1）绘制总栖息密度和总生物量分布图；绘制无脊椎动物重要门类（环节动物、软体动物、甲壳动物和棘皮动物四大类）的栖息密度和生物量分布图。

（2）栖息密度分布图一般以等值线或不同大小的圆圈表示，栖息密度（个/平方米）的取值标准：<5，10，25，50，100，250，500，1 000，

>1 000。

（3）生物量分布图一般以等值线或不同大小的圆圈表示，生物量（g/m²）的取值标准：1，5，10，25，50，100，250，500，1 000，>1 000。

5. 种类分布表

鉴定后的定量样品，按分类系统顺序记录于附录表5-4。

6. 主要种类分布图

选择对总栖息密度和总生物量，或对各类群栖息密度和生物量起决定作用和分布普遍的种类，绘制分布图。

（二）拖网资料

1. 种类分布表

把鉴定后的定性样品信息记录于附录表5-5。

2. 主要种类分布图

绘制定性拖网获得的主要种类分布图。

（三）种类名录

采泥和拖网的样品鉴定之后，按分类系统顺序列出调查海区的大型底栖生物种类名录。

实习 6 潮间带生物调查

一、实习目的

通过对青岛沿岸潮间带生物的调查采样与鉴定分析，掌握不同底质类型的潮间带生物调查和评价的基本方法与要求。

二、实验器材

25 cm × 25 cm定量框、25 cm × 25 cm × 30 cm定量框、10 cm × 10 cm定量框、电子秤、电子天平、计数框、GPS定位设备、铁锹、铁铲、凿子、刮刀、标本瓶、乙醇、甲醛、手套、毛巾、卫生纸、记录本、铅笔、橡皮、标签贴等。

三、技术要求

（一）调查地点和断面的选择

（1）调查地点和断面的选择必须根据调查目的而定。通常应选择具有代表性的、滩面底质类型相对均匀、潮间带较完整、无人为破坏或人为扰动较小且相对较稳定的地点或调查断面。

（2）在调查海区，选择不同生境（如泥滩、泥沙滩、沙滩和岩石岸）的潮间带断面（不少于3条断面），每条断面不少于5个站位，岩石岸每个站位不少于2个定量样方，泥滩、泥沙滩每个站位不少于4个定量样方，沙滩每个站位不少于8个定量样方。断面位置应有GPS定位或陆上标志，走向应与海岸垂直。

（二）潮间带的划分

应根据当地的潮汐水位参数或岸滩生物的垂直分布，将潮间带划分为高潮区、中潮区和低潮区。3个区再进一步划分。高潮区：上层，下层；中潮区：上层，中层，下层；低潮区：上层，下层。

生物群落可随纬度高低、底质类型、外海内湾、盐度梯度、向浪背浪、背阴向阳等复杂环境因素的不同而改变，因此，根据生物群落在潮间带的垂直分布来划分时要提供一个统一模式是困难的。一般而言，岩石岸大体分为滨螺带、藤壶–牡蛎带、藻类带。各地在调查时可根据各区、层的群落优势种给予更确切的命名。

在外侧沿岸和岛屿，因受浪击的影响，生物种类的分布超过高潮区时，应测量生物带的高度，也应在生物带相应的位置进行样品的采集。

（三）站位布设

通常在高潮区布设2个站位、中潮区布设3个站位、低潮区布设1个站位或2个站位。在滩面较短的潮间带，在高潮区布设1个站位、中潮区布设3个站位、低潮区布设1个站位。

（四）调查时间

（1）潮间带生物采样必须在大潮期间进行，或在大潮期间进行低潮区取样，小潮期间再进行高、中潮区的取样。

（2）对于基础（背景）调查，通常按春季、夏季、秋季和冬季进行1年4个季度月的调查。对于一些专项调查，根据要求可选择春、秋季2个季度月进行调查。

（五）采样面积

硬相（岩石岸）生物取样，一般用25 cm × 25 cm的定量框取2个样方，在生物密集区用10 cm × 10 cm定量框取样。软相（泥滩、泥沙滩、沙滩）生物取样，用25 cm × 25 cm × 30 cm的定量框取4 ~ 8个样方。同时进行定性取样与观察。定性取样在高潮区、中潮区和低潮区至少分别取1个样品。

（六）调查要素

潮间带生物调查要素包括不同生境的种类组成、数量（栖息密度、生物量或现存量）及其水平分布和垂直分布。

四、样品采集

（一）生物样品采集

（1）滩涂定量取样用定量框，每个站位通常取4～8个样方（合计0.25 ～0.5 m^2）。可用标志绳索（每隔5 m或10 m有一标志绳索）于站位两侧水平拉直确定样方位置，各样方位置要求严格选取在标志绳索所标位置，无论该位置上的生物多寡，均不能移位。取样时，先将取样器挡板插入框架凹槽，再将其插入滩涂内；继而观察记录框内表面可见的生物及数量；然后用铁锨清除挡板外侧的泥沙，再拔去挡板，以便铲取框内样品。铲取样品时，若发现底层仍有生物存在，应将取样器再往下压，直至采不到生物为止。若需分层取样，可视底质分层情况确定。

（2）岩石岸取样用25 cm×25 cm的定量框，每个站位取2个样方。若生物栖息密度很高，且分布较均匀，可采用10 cm×10 cm的定量框。确定样方位置时，应在宏观观察基础上选取能代表该潮区生物分布特点的位置。取样时，应先将框内的易碎生物（如牡蛎、藤壶）计数，并观察记录优势种的覆盖面积。然后用小铁铲、凿子或刮刀将框内所有生物刮取净。

（3）对某些栖息密度很低的底栖生物，可采用25 m^2的大面积计数（个数或洞穴数），并采集其中的部分个体，求平均体重，再换算成单位面积的数量。

（4）为全面反映各断面的种类组成和分布，在每站定量取样的同时，应尽可能将该站附近出现的动植物种类收集齐全，以在分析时作为参考，定性样品务必与定量样品分装，切勿混淆。

（5）取样时，测量各潮区优势种的垂直分布高度和滩面宽度，描述生物带的特征，同时填写附录表6-1。

（二）水质和沉积物样品采集

1. 水样采集

应在各断面调查的同时，于高平潮和低平潮时各采1次水样。河口区调查时，在2次采水样期间增加1次。岩沼和滩涂水洼内积水应另行采样。必要时，酌情对生物定量取样站位穴内积水或底质间隙水采样分析。

2. 沉积物取样

应与生物定量取样同步进行，取样站位数依滩涂底质变化酌情而定。遇表、底层沉积类型有明显差异时，应分层取样，并记录其层、色、嗅、味。其样品编号必须与该站位生物定量样品编号一致。

（三）样品处理

1. 生物样品的淘洗

（1）漩涡分选装置淘洗法

本法适宜在小船上随着潮水上涨或退落进行操作，以减少样品搬运困难。若无船只，可直接在滩涂上进行淘洗。分选装置和抽水机应附设防沉底板，并需考虑水源的充分供给。分选操作步骤如下。

① 将该装置牢牢固定在小船（或滩涂）上，用消防水管连接装置和抽水机。

② 启动抽水机，待装置的筒体内约注有1/2的海水时，调节分流器水压使涡流适中，并及时倒入待淘洗样品。

③ 经约10 min涡动，大多数体轻、柔软的生物从出水口分选流出，被截留于套筛（收集器）上。

④ 当进出筒体的水色一致时，即可打开装置的分流阀、关闭进水阀，并取一网筛（孔径2 mm）置于筒体下，打开排渣阀排出余渣。

⑤ 将各套筛截留余渣中的生物挑拣干净。

（2）过筛器淘洗法

当不具备使用漩涡分选装置的条件时，可采用过筛器直接淘洗法。

2. 生物样品的处理与保存

（1）采得的所有定量和定性标本，经洗净，按类别分开装瓶（或用封口塑料袋装），或按大小及个体软硬分装，以防标本损坏。

（2）滩涂定量调查未能及时处理的余渣，可只拣出肉眼可见的标本后把余渣另行装瓶（袋），回实验室后在双筒解剖镜下挑拣。

（3）谨防不同站位或同一站位的定量和定性标本混杂，务必按站位或样方装瓶（袋）后，将写好的相应标签（图6-1）分别投入各瓶（袋）中。

海区 ______　断面 ______　站位 ______
样方 ______　潮区 ______　底质 ______
取样时间 ______
种名 ______

图6-1　潮间带生物样品采集标签（5 cm × 3.5 cm）

（4）样品按需加入5%左右的中性福尔马林固定液。余渣固定时，用四氯四碘荧光素染色剂固定液，便于室内标本挑拣。

（5）为便于标本鉴定，对一些受刺激易引起收缩或自切的种类（如腔肠动物、纽形动物），先用水合氯醛或氨基甲酸甲酯（乌来糖）少许进行麻醉后再行固定；某些多毛类（如沙蚕科、吻沙蚕科动物），先用淡水麻醉，再加固定液固定。对于藻类标本，除用5%中性福尔马林固定固定液外，最好带回一些完整的新鲜藻体，制作成腊叶标本，以保持原色和长久保存。

五、样品分析

（一）标本整理

1. 标本核对

（1）按调查地点、断面、站位号，将定量和定性标本分开。

（2）依野外记录，核对各站取得的标本瓶（袋）数。

2. 标本分离、登记

（1）标本分离按站位进行，以免不同站位（或不同样方）的标本混入。若有余渣带回，切勿遗忘将其中标本拣出归入本站位样品。

（2）分离的标本经初步鉴定，以种为单位分装，并及时加入固定液。除海绵、苔藓虫等含钙质动物改用75%酒精固定外，其余用5%左右的中性福尔马林固定液保存。

（3）按分类系统依次排列、编号，用碳素墨水笔写好标签，标签上填写的除标本号和种名因分离可能改变外，其余项均应与野外投放的标签一致。待标签上的墨水干后，分别投入各标本瓶中。

（4）按新编序号分别将定量和定性标本登记于附录表6-2和附录表6-3。

3. 称重、计算

（1）定量标本须固定3天以上方可称重。若标本分离时已固定有3天以上的时间，称重可与标本分离、登记同时进行。

（2）称重时，标本应先置于吸水纸上吸干体表水分。称重软体动物和甲壳动物保留其外壳（必要时，对某些经济种或优势种可分别称其壳和肉重）。大型管栖多毛类的栖息管子、寄居蟹的栖息外壳以及其他生物体上的伪装物、附着物，称重时应予剔除。

（3）称重使用感量为0.01 g的电子天平等。在称重前后计算各种生物的个体数（岩岸采集的易碎生物个体数由野外记录查得，群体仅用质量表示）。

（4）将称重、计数结果填入附录表6-2各相应栏目，并注明湿重（福尔马林固定下的湿重或酒精固定下的湿重）、干重（烘或晒）。必要时可称取灰分重。

（5）依据取样面积，将记录表中各种数据换算为栖息密度（个/平方米）和生物量（g/m^2）。

（二）标本鉴定

（1）优势种和主要类群的种类应力求鉴定到种，疑难者可请有关专家鉴定或先进行必要的特征描述，暂以sp.1、sp.2、sp.3等表示，再行分析、鉴定。

（2）鉴定时若发现1瓶中有2种以上生物，应将其分出另编新号，注明标本原出处，并及时更改标签和表格中的有关数据。

（3）种类鉴定结果若与原标签初定种名不符，应立即更改标签。

（三）标本保存

经鉴定、登记后的标本，应按调查项目编号归类，妥善保存，以备检查和进一步研究。且须建立标本管理制度，定期检查标本保存情况，根据需要添加或更换固定液，以防标本干涸和霉变。

六、资料整理

（一）野外采集记录表

（1）野外记录应有专人负责，填写附录表6-1；绘制站位分布图；记录环境基本特征、生物分布、生物异常等现象；填写标签。

（2）各断面的生物带以及出现的生物异常、死亡、群落演替等现象，应用录像机或照相机拍摄下来。

（3）野外记录是第一手资料，应用铅笔（或碳素墨水笔）填写，字迹须清晰，记录本应妥善收存，严防受潮或丢失。

（二）种类名录

根据附录表6-2和附录表6-3将每次采得的所有种类按分类系统依次列出，各物种标明中文名和学名、采集时间、地点、断面、站位号及分布潮区。

（三）种类分析记录表

为了便于统计每个观测站位的种类及其数量，以站位为单位将每个种类的栖息密度和生物量汇总登记于附录表6-2和附录表6-3中。

（四）种类分布表

为便于分析各种类的时空分布特点，可依据附录表6-2记录，以种为单位，将其在各断面、各站位、不同季节的栖息密度和生物量汇总登记于附录表6-4中。

（五）主要种和优势种垂直分布表

为便于绘制主要种和优势种的垂直分布图，将有代表性的、数量较大的种类的栖息密度和生物量按潮区、站位汇总于附录表6-5中。

（六）主要类群统计表

根据本部分的有关规定，以断面或取样站为统计单位统计获取的生物，计算各生物类群的种数和百分比，填入附录表6-6，表内类群的名称可依不同底质类型增减。

以上表格提供的基本素材，通过电子表格处理，可根据需要获得相关数据。

实习 7

叶绿素a调查测定

一、实习目的

学习掌握叶绿素a的水样采集、样品分析测定技术要求与测定方法。

二、实验器材

荧光计、冰箱、离心机、电动吸引器、抽滤装置、分光光度计、研磨器、玻璃纤维滤膜、具塞离心管、干燥器、棕色试剂瓶、量筒、定量加液器、滴瓶、镊子、丙酮、水、甲醇、乙腈和乙酸乙酯（均为色谱纯）、醋酸铵、2，6–二叔丁基对甲酚（BHT）、角黄素等。

三、技术要求和测定要素

（一）技术要求

1. 叶绿素a测定

（1）采样层次：按标准层次采集水样（表7–1）。条件许可时，应加采跃层上、跃层中、跃层下3层。

表7–1　采水层次

观测站位水深范围/m	标准层次/m	底层与相邻标准层的最小距离/m
＜15	表层，5，10，底层	2

续表

观测站位水深范围/m	标准层次/m	底层与相邻标准层的最小距离/m
[15，50)	表层，5，10，30，底层	2
[50，100)	表层，5，10，30，50，75，底层	5
[100，200]	表层，5，10，30，50，75，100，150，底层	10
>200	表层，5，10，30，50，75，100，150，200	—

注：① 表 层指海面下0.5 m 以浅的水层。

② 水深小于50 m时，底层为离底2 m 的水层。

③ 水深在50 ~ 200 m时，底层离底的距离为水深的5% 。

④ 可根据调查的特殊需要，酌情增加200 m以深的采水层次。

⑤ 条件许可时，应充分考虑跃层和采集叶绿素次表层最大值所处的水层。

（2）精密度：叶绿素a浓度在0.5 mg/m^3水平时，重复样品的相对误差为±10%。

（二）测定要素

测定要素为叶绿素a。

四、叶绿素a的测定

（一）萃取荧光法

1. 方法原理

叶绿素a的丙酮萃取液受蓝光激发产生红色荧光。过滤一定体积海水所得的浮游植物用体积分数为90%的丙酮溶液提取其色素，使用荧光计测定提取液酸化前后的荧光值，计算出海水中叶绿素a的浓度。

2. 主要仪器设备

（1）荧光计：激发光波长450 nm，发射光波长685 nm。

（2）抽滤装置：包括滤器、支架、抽滤瓶和真空泵。

（3）玻璃纤维滤膜：其截留效率相当于0.65 μm孔径的聚碳酸酯微孔滤膜。

（4）冰箱。

3. 试剂

体积分数为90%的丙酮溶液、体积分数为10%的盐酸、浓度为10 g/dm³的碳酸镁溶液。

4. 测定步骤

（1）荧光计校准

① 校准频率：至少每半年校准一次。

② 标准叶绿素a溶液（密度为1 mg/dm³）制备：过滤一定量的生长良好、处于指数生长前期的培养硅藻，用体积分数为90%的丙酮溶液提取叶绿素a，或者用体积分数为90%的丙酮溶液溶解一定量的市售叶绿素a结晶，密度大约为1 mg/dm³。

③ 标准叶绿素a溶液浓度标定：使用分光光度计正确测定标准叶绿素a溶液的浓度。

④ 叶绿素a标准工作溶液配制：用上述标准叶绿素a溶液配制浓度不同的标准工作溶液，供各量程档校准用。

⑤ 换算系数F_d的测定：上述不同浓度的标准工作溶液，在不同量程档上进行酸化前后荧光值的测定。各量程档的换算系数F_d的计算公式为

$$F_d=\frac{\rho\ (\mathrm{Chl\ a})}{R_1-R_2} \tag{7-1}$$

式中，F_d——量程档（d）的换算系数，单位为mg/m³；

ρ（Chl a）——叶绿素a的标准工作溶液的密度，单位为mg/m³；

R_1——酸化前的荧光值；

R_2——酸化后的荧光值。

（2）水样测定

① 采样：按表7-1规定的深度采水样，量取一定体积的海水，通常大洋水250 ~ 500 mL，近岸或港湾水50 ~ 250 mL。采样信息记录于附录表7-1。

② 过滤：采样后，应尽快过滤。过滤海水的体积视调查海区而定：富营养海区一般可过滤50～100 cm^3；中营养海区过滤200～500 cm^3；寡营养海区可过滤500～1 000 cm^3。过滤时抽气负压应小于50 kPa。将信息记录于附录表7–1。

③ 滤膜保存：过滤后的滤膜应在1 h内提取，若无条件提取测量，可将滤膜对折，用铝箔包好，存放于低温冰箱（–20℃）（保存期可为60天）或液氮中保存（保存期可为1年）。

④ 提取：将载有浮游植物的滤膜放入加有10 cm^3体积分数为90%的丙酮溶液的提取瓶内，盖紧，摇荡，立即放于低温（0℃）冰箱内，提取12～24 h。

⑤ 荧光测定：测定步骤如下。

a. 取出样品放在室温、黑暗处约0.5 h，使样品温度与室温一致。

b. 每批样品测定前后，以体积分数为90%的丙酮溶液作为对比液，测出各量程档的空白荧光值F_{01}和F_{02}。

c. 将提取瓶内上清液倒入测定池中，选择适当量程档，测定样品的荧光值R_b。

d. 加1滴体积分数为10%的盐酸溶液于测定池中，30 s后测定其荧光值R_a。

e. 将结果记录于附录表7–2。

（二）分光光度法（包括叶绿素a、叶绿素b和叶绿素c）

1. 方法原理

叶绿素a、叶绿素b、叶绿素c的丙酮萃取液在红光波段各有一吸收峰。一定体积海水中的浮游植物经滤膜滤出，用体积分数为90%的丙酮溶液提取其叶绿素，应用分光光度计测定，根据三色分光光度法方程，计算海水中叶绿素a、叶绿素b、叶绿素c的浓度。

2. 试剂

密度为10 mg/dm^3的碳酸镁溶液，体积分数为90%的丙酮溶液。

3. 主要仪器设备

（1）分光光度计：波长必须准确，波带宽度≤2 nm，消光值可读到

0.001。

（2）抽滤装置：包括滤器、支架、抽滤瓶和真空泵。

（3）滤膜：截留效率相当于0.65 μm孔径的聚碳酸酯微孔滤膜或玻璃纤维滤膜、纤维素酯微孔滤膜或其他滤膜。

（4）贮样干燥器、研磨器、离心机、具塞离心管和冰箱。

4. 测定步骤

（1）采样：按表7–1规定的深度采水样，并记录于附录表7–1。

（2）过滤：采样后应尽快过滤。将滤膜置于滤器上，加5 cm^3碳酸镁溶液，接着过滤海水样，过滤时负压应小于50 kPa。过滤海水体积视调查水域而定，近岸或港湾水取0.5 ~ 2 dm^3，大洋水取0.5 ~ 5 dm^3。

（3）保存：过滤后的样品应立即研磨提取。若条件不允许，可将滤膜对折2次，置于贮样干燥器内低温（<–20℃）黑暗保存，期限最长2个月。

（4）研磨：将载有浮游植物的滤膜放入研磨器，加2 cm^3或3 cm^3 体积分数为90%的丙酮溶液，研磨，后将样品移入具塞离心管中，研磨器用体积分数为90%的丙酮溶液洗涤2次或3次，洗涤液一并倒入离心管中，但总体积不能超过10 cm^3。

（5）提取：将具塞离心管置于低温黑暗处提取30 min。

（6）离心：提取液于4 000 r/min条件下离心10 min，上清液倒入刻度试管中，并定容为10 cm^3或15 cm^3。

（7）测定：将提取液注入光程为1 ~ 10 cm的比色槽中，以体积分数为90%的丙酮溶液作为空白对照，用分光光度计测定波长为750 nm、664 nm、647 nm、630 nm处的溶液消光值。测定结果记录于附录表7–3。

5. 消光值选择

作为浊度校正的750 nm处消光值不超过每厘米光程0.005，664 nm处消光值最好在0.1 ~ 0.8。

五、资料整理

1. 萃取荧光法（叶绿素a）的资料整理

（1）数据计算

① 计算海水中叶绿素a浓度：

$$\rho_{\mathrm{v}}(\mathrm{Chl\ a})=\frac{F_d \cdot (R_{\mathrm{b}}-R_{\mathrm{a}}) \cdot V_1}{V_2} \qquad (7\text{–}3)$$

式中，ρ_{v}（Chl a）——海水中叶绿素a浓度，单位为mg/m^3；

F_d——量程档（d）的换算系数，单位为mg/m^3；

R_{b}——酸化前荧光值；

R_{a}——酸化后荧光值；

V_1——提取液的体积，单位为cm^3；

V_2——过滤海水的体积，单位为cm^3。

② 计算水柱叶绿素a含量：

$$\rho_{\mathrm{s}}(\mathrm{Chl\ a})=\sum_{i-1}^{n-1}\frac{\rho_{vi}(\mathrm{Chl\ a})+\rho_{vi+1}(\mathrm{Chl\ a})}{2}\cdot(D_{i+1}-D_i) \qquad (7\text{–}3)$$

式中，ρ_{s}（Chl a）——水柱叶绿素a含量，单位为mg/m^2；

ρ_{vi}（Chl a）——第i层叶绿素a浓度，单位为mg/m^3；

D_i——第i层的深度，单位为m；

n——取样层次数，$1 \leqslant i \leqslant n-1$。

③ 计算水柱叶绿素a平均浓度值：

$$\rho_{\mathrm{v}}(\mathrm{Chl\ a})=\frac{\rho_{\mathrm{s}}(\mathrm{Chl\ a})}{D} \qquad (7\text{–}4)$$

式中，ρ_{v}(Chl a) ——水柱叶绿素a平均浓度值，单位为mg/m^3；

ρ_{s}（Chl a）——水柱叶绿素a含量，单位为mg/m^2；

D——最大取样深度，单位为m。

（2）填写记录表

按要求填写附录表7-2叶绿素（萃取荧光法）测定记录表。

（3）绘制分布图

① 平面分布图：

A.各层次分布图

等值线取值标准（单位为 mg/m^3）：0.10，0.20，0.30，0.50，0.75，1.00，1.50，2.00，3.00，5.00，10.00。

B.含量分布图

等值线取值标准（单位为 mg/m^2）：1.00，1.50，2.00，3.00，5.00，10.00，20.00，30.00，50.00，100.00，200.00，300.00，500.00。

② 断面分布图：等值线取值标准（单位为 mg/m^3）：0.10，0.20，0.30，0.50，0.75，1.00，1.50，2.00，3.00，5.00，10.00。

以上平面和断面分布图取值标准，可视具体情况增减。

2. 分光光度法的资料整理

（1）数据计算

① 计算提取液中叶绿素a、叶绿素b、叶绿素c的含量：

$$\rho_n\text{（Chl a）}=11.85E_{664}-1.54E_{647}-0.08E_{630} \quad (7\text{-}5)$$

$$\rho_n\text{（Chl b）}=21.03E_{647}-5.43E_{664}-2.66E_{630} \quad (7\text{-}6)$$

$$\rho_n\text{（Chl c）}=24.52E_{630}-1.67E_{664}-7.60E_{647} \quad (7\text{-}7)$$

式中，ρ_n（Chl a）——提取液中叶绿素a的浓度，单位为$\mu g/cm^3$；

ρ_n（Chl b）——提取液中叶绿素b的浓度，单位为$\mu g/cm^3$；

ρ_n（Chl c）——提取液中叶绿素c的浓度，单位为$\mu g/cm^3$；

E_{664}——波长为664 nm处1 cm光程经浊度校正的消光值；

E_{647}——波长为647 nm处1 cm光程经浊度校正的消光值；

E_{630}——波长为630 nm处1 cm光程经浊度校正的消光值。

② 计算海水中叶绿素a、叶绿素b、叶绿素c的含量：

$$\rho\ (\text{Chl a})=\frac{\rho_n\ (\text{Chl a})\cdot V_1}{V_2} \quad (7\text{–}8)$$

$$\rho\ (\text{Chl b})=\frac{\rho_n\ (\text{Chl b})\cdot V_1}{V_2} \quad (7\text{–}9)$$

$$\rho\ (\text{Chl c})=\frac{\rho_n\ (\text{Chl c})\cdot V_1}{V_2} \quad (7\text{–}10)$$

式中，ρ（Chl a）——海水中叶绿素a的浓度，单位为mg/m^3；

ρ（Chl b）——海水中叶绿素b的浓度，单位为mg/m^3；

ρ（Chl c）——海水中叶绿素c的浓度，单位为mg/m^3；

ρ_n（Chl a）——提取液中叶绿素a的浓度，单位为$\mu g/cm^3$；

ρ_n（Chl b）——提取液中叶绿素b的浓度，单位为$\mu g/cm^3$；

ρ_n（Chl c）——提取液中叶绿素c的浓度，单位为$\mu g/cm^3$；

V_1——提取液的体积，单位为cm^3；

V_2——过滤海水的体积，单位为dm^3。

③ 计算海水中叶绿素总质量浓度：

$$\rho\ (\text{Chl})=\rho\ (\text{Chl a})+\rho\ (\text{Chl b})+\rho\ (\text{Chl c}) \quad (7\text{–}11)$$

式中，ρ（Chl）——海水中叶绿素总浓度，单位为mg/m^3；

ρ（Chl a）——海水中叶绿素a的浓度，单位为mg/m^3；

ρ（Chl b）——海水中叶绿素b的浓度，单位为mg/m^3；

ρ（Chl c）——海水中叶绿素c的浓度，单位为mg/m^3。

（2）计算水柱叶绿素a含量

同萃取荧光法。

（3）计算水柱叶绿素a平均质量浓度

同萃取荧光法。

（4）填写记录表

按要求填写附录表7-3。

（5）绘制分布图

① 平面分布图：

A.各层次分布图

等值线取值标准（单位为 mg/m^3）：0.10，0.20，0.30，0.50，0.75，1.00，1.50，2.00，3.00，5.00，10.00。

B.含量分布图

等值线取值标准（单位为 mg/m^2）：1.00，1.50，2.00，3.00，5.00，10.00，20.00，30.00，50.00，100.00，200.00，300.00，500.00。

② 断面分布图：等值线取值标准（单位为 mg/m^3）：0.10，0.20，0.30，0.50，0.75，1.00，1.50，2.00，3.00，5.00，10.00。

以上平面和断面分布图取值标准，可视具体情况增减。

实习 8 海洋环境要素调查

一、实习目的

通过对海水深度、温度、盐度、溶解氧和透明度等的观测，掌握海洋环境要素调查的要求与基本方法。

二、实验器材

调查船、绞车、绳索计数器、回赤测深仪、表面温度计、颠倒温度计、便携式盐度计、温盐深仪（CTD）、便携式溶氧仪、透明度盘和GPS定位设备、铅锤、塑料水桶、量角器、手套、毛巾、卫生纸、记录本、铅笔、橡皮、标签贴等。

三、水深测量

（一）水深测量的基本要求

（1）水深以米（m）为单位，记录取1位小数，测量准确度为±2%。

（2）大面或断面调查，在船到站后即测量；连续站每小时测一次。

（3）现场水深测量采用回声测深仪。如条件不具备或水深较浅，可采用钢丝绳测深法。

（二）水深测量的方法

1. 回声测深仪测量

回声测深仪是利用声波在海水中以一定速度（平均声速1 500 m/s）直线传播，并能由海底反射回来的特性制造的。使用回声测深仪测量水深可直接记录仪器测量数据。

2. 钢丝绳测量

用水文绞车上系有铅锤（重锤）的钢丝绳测量水深称为钢丝绳测深。定时探测时，根据海流的大小在水文绞车的钢丝绳前端挂1个（不同规格）重锤，其探测步骤如下。

（1）操纵绞车，放松钢丝绳，让重锤的底部恰好降到水面上，此时把计算器清零或记下计算器读数。

（2）操纵绞车，继续放出钢丝绳，当重锤触底而使钢丝绳松弛时，立即停车，然后将钢丝绳慢慢收紧，在铅锤刚好触底时读取计数器指示数，并记录指示数，两次计数器的差即为实测水深。

（3）若钢丝绳倾斜时，应用量角器测量钢丝绳倾角；遇到钢丝绳倾角过大时，应在可能条件下加大铅锤质量，使倾角尽量减小。当加重铅锤以后，钢丝绳的倾角≥10° 时应施行倾斜校正。如计数器误差超过范围，则需施以计数器校正系数的校正（若校正系数在0.98 ~ 1.02，不必校正）。倾角超过30° 时应加大铅锤的质量或利用其他方法控制倾角在30° 以内。

（4）操纵绞车，收回钢丝绳。

（5）注意事项：

① 观测前应了解绞车和钢丝绳的最大负载及绞车的各种开关、各种速度及刹车的结构和性能，并熟悉开车、停车、快慢车和正倒车的操作。

② 检查钢丝绳有无细刺、折断的钢丝和扭折痕迹，严重时应更换钢丝绳，工作过程中应尽量避免钢丝绳挤伤或折伤，如排绳器发生故障，应协助绞车排绳。

③ 绞车卷筒应保持顺利转动，轴承和齿轮应经常保持有足够的润滑油，禁止在刹车带里涂油。

④ 调查结束后，应将绞车、钢丝绳和计数器擦拭干净，并在计数器和钢丝绳涂抹黄油，然后用帆布套将绞车盖好。

（6）器差校正

① 计数器差校正：计数器在制作和使用中因机械磨损，存在一定误差，

因此，在使用前必须进行器差校正。一般校正方法是将钢丝绳通过计数器，自绞车上放出来，当钢丝绳的起端通过计数器时，将指针拨到“0”处，到放出一定数量（100 ~ 200 m）后，用卷尺量取经过计数器的钢丝绳实际长度，校正系数A按以下公式计算：

$$A=L/I \tag{8-1}$$

式中，L——所放出钢丝绳的实际长度；

I——为计数器的示数。

计数器的校正值a按以下公式计算：

$$a=I(A-I) \tag{8-2}$$

a的正负由A决定，A大于I则a是正号，A小于I是负号。

根据上面的公式，可以预先计算出对应于该计数器各种示数的校正值。在进行测量时，将计数器所指示的钢丝绳的长度加上校正值后，即实际钢丝绳的长度。

② 钢丝绳的倾斜校正：在测量深度时，由于受到海流的影响，钢丝绳易发生倾斜，所以钢丝绳的长度比实际的深度大，需进行倾角订正。

用量角器测出倾角后，仪器沉放的实际深度可按下式计算：

$$Z=L\cos\alpha-h \tag{8-3}$$

式中，α——倾角；

h——计数器滑轮到海面的高度。

实际工作中常把式（8-3）变成改正式：

$$\Delta Z=L-(Z+h)=L(1-\cos\alpha) \tag{8-4}$$

四、水温观测

（一）水温观测的基本要求

1. 准确度要求

水温的单位，均采用摄氏温标（℃）。

水温对密度影响显著，而密度的微小变化都可能导致海水大规模的运动，因此，在海洋学上，大洋水温的测量，特别是深层水温的观测，要求达到很高的准确度。

对于大洋，因其水温变化缓慢，观测的准确度要求较高，一般水温应精确到一级，即±0.02℃。这个标准与国际标准接轨，有利于与国外交换资料。

在浅海，因海洋水文要素的时空变化剧烈，梯度或变化率比大洋的要大上百倍乃至千倍，水温观测的准确度可以放宽。对于一般水文要素分布变化剧烈的海区，水温观测的准确度为±0.1℃。对于那些有特殊要求的，应根据各自的要求确定水温观测的准确度，具体如表8–1所示。

表8–1　水温观测的准确度和分辨率

准确度等级	准确度/℃	分辨率/℃
1	±0.02	0.005
2	±0.05	0.01
3	±0.2	0.05

2. 观测层次

水温观测分表层水温观测和表层以下水温观测。对表层以下各层的水温观测，为了资料的统一使用，我国现在规定的标准观测层次如表8–2所示。

表8–2　标准观测水层

水深范围/m	标准观测水层/m	底层与相邻标准层的最小距离/m
<50	表层，5，10，15，20，25，30，底层	2
[50，100)	表层，5，10，15，20，25，30，50，75，底层	5
[100，200]	表层，5，10，15，20，25，30，50，75，100，125，150，底层	10

续表

水深范围/m	标准观测水层/m	底层与相邻标准层的最小距离/m
>200	表层，10，20，30，50，75，100，125，150，200，250，300，400，500，600，700，800，1 000，1 200，1 500，2 000，2 500，3 000（水深大于3 000 m时，每多1 000 m加一层），底层	25

注：① 表层指海面下3 m以浅的水层。

② 底层的规定如下：水深不足50 m时，底层为离底2 m的水层；水深在50～200 m范围内时，底层离底的距离为水深的4%；水深超过200 m时，底层离底的距离，根据水深测量误差、海浪状况、船只漂移情况和海底地形特征综合考虑，在保证仪器不触底的原则下尽量靠近海底。

③ 底层与相邻标准层的距离小于规定的最小距离时，接近底层的标准层可免测。

3. 观测时次

对于大面或断面站位，船到站就观测一次；对于连续站，每2 h观测一次。沿岸站位只观测表层水温，观测时间一般在每日的2、8、14、20时进行。

（二）温度观测的方法

1. CTD测量温度

CTD（图8–1）操作主要包括室内和室外操作两大部分。前者主要是控制作业过程，后者则是收放水下单元，但两者应密切配合、协调进行。具体观测步骤和要求如下。

（1）投放仪器前应确认机械连接牢固可靠，水下单元和采水器水密情况良好。待整机调试至正常工作状态后开始投放仪器。

（2）将水下单元吊放至海面以下，使传感器浸入水中感温3～5 min。对于实时显示CTD，观测前应记下探头在水面时的深度（或压强值）；对于自容式CTD，应根据取样间隔确认在水面已记录了至少3组数据后方可将其下降

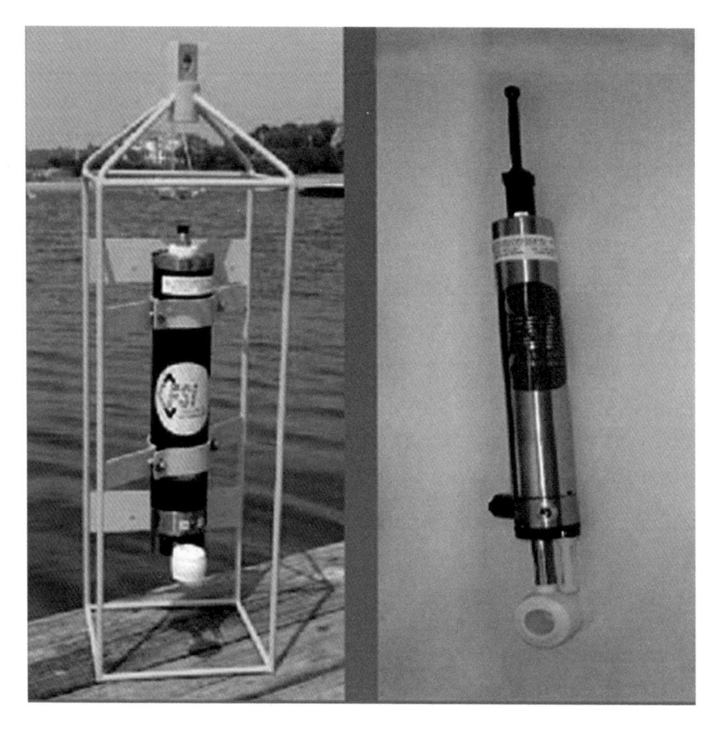

图8-1　CTD

进行观测。

（3）根据现场水深和所使用的仪器型号确定探头的下放速度，一般应控制在1.0 m/s左右。在深海季节温跃层以下下降速度可稍快些，但是以不超过1.5 m/s为宜。在一次观测中，仪器下放速度应保持稳定。若船只摇摆剧烈，可适当增加下放速度，以避免在观测数据中出现较多的深度（或压强）逆变。

（4）为保证测量数据的质量，取仪器下放时获取的数据为正式测量值，仪器上升时获取的数据作为水温数据处理时的参考值。

（5）获取的记录，如磁盘、记录板和存储器，应立即读取或查看，如发现缺测数据、异常数据、记录曲线间断或不清晰时，应立即补测。如确认测温数据失真，应检查探头的测温系统，找出原因，排除故障。

（6）注意事项：

① 释放仪器应在迎风舷，避免仪器压入船底。观测位置应避开机舱排污

口及其他污染源。

② 探头出入水时，应特别注意防止和船体碰撞。在浅水站作业时，还应防止仪器触底。

③ 利用CTD测水温时，每天至少应选择一个比较均匀的水层与颠倒温度计的测量结果比对一次，如发现CTD的测量结果达不到要求的准确度，应及时检查仪器，必要时更换仪器传感器，并应将比对和现场标定的详细情况记入观测值班日志。

④ CTD的传感器应保持清洁。每次观测完毕后，必须冲洗干净，不能残留盐粒和污物。探头应放置在阴凉处，切忌暴晒。

2. 表面温度计测量温度

表面温度计（图8–2）用于测量表层水温，测量范围为–6℃～ +40℃，分度值为0.2℃，准确度为0.1℃。

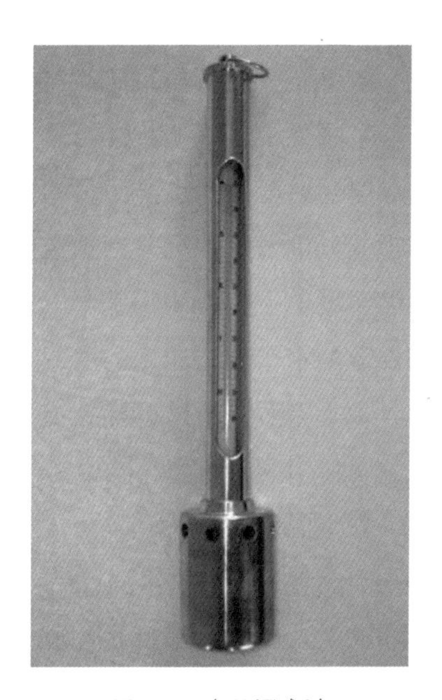

图8–2　表面温度计

在风浪较小的条件下，可以把温度计直接放入水中进行测量；风浪较大时，可以利用水桶进行测量。

把表面温度计直接浸入海水中进行测温时，首先将金属管上端的圆环用绳拴住，在离开船舷0.5 m以外的地方放入水中，然后提起来，把桶内的水倒掉，重新放入水中，并浸泡在0～1 m深度处感温5 min后取上读数。为了避免外界气温、风及阳光的影响，读数应在背阳光、背风处进行，并力求迅速，要求从表面温度计离开水面到读数完毕的时间不得超过20 s，读数要精确到0.1℃。

在水桶取水观测时，应将装海水的水桶放在背阳光、背风处，把表面温度计放入桶内搅动，感温1～2 min，将海水倒掉，再重新取一桶海水，并把表面温度计放入桶内（此时必须注意，在把温度计放入桶内之前，应将桶内的海水倒尽）。表面温度计在桶内感温3 min后，即可进行读数。在读数时，温度计不可离开水面。第一次读数后，过1 min后再读数一次（当气温高于水温时取偏低的一次；反之，取偏高的一次）。

上述所读取的温度读数须经器差订正后才为实测的表层水温值，器差订正值可在每支表面温度计的检定书中找到。

为了取得真实可靠的水温资料，在用表面温度计测温或读数时还应注意以下几点。

① 感温或取水应避开船只排水的影响，读数时应避免阳光的直接照射。

② 冬天取水时不应取上冰块或使雪落入桶内，观测完毕应将水桶倒置。

③ 表面温度计应每年检定一次。

3. 颠倒温度计测量温度

颠倒温度计是水温测量的主要仪器之一。测量水温时，把装在颠倒采水器上的颠倒温度计沉放到预定的各水层中。在一次观测中，可同时取得各水层的温度值。在观测深水层水温时，颠倒温度计需要颠倒过来，此时表示现场水温的水银柱与原来的水银柱分离。若用一般温度计观测深层水温，当温度计取上来后，温度就随之变化，结果观测到的水温不是原定水层的水温。这就是使用颠倒温度计能观测深层温度的主要原因。

颠倒温度计有闭端（防压）和开端（受压），均需要配在颠倒采水器上使用。前者用于测量水温，后者与前者配合使用，确定仪器的沉放深度。

观测与使用步骤如下所示。

（1）将装有颠倒温度计的采水器从表层至深层集中安放在采水器架上，根据测量站位的水深确定观测层次，并将各层的采水器编号、颠倒温度计的器号和值记入颠倒温度计的测温记录表中。

（2）颠倒温度计在各预定水层感温7 min，测量钢丝绳倾角，投下使锤。待各采水器全部颠倒后，依次提取采水器，并将其放回采水器架原来的位置上，立即读取各层温度计的主、辅值，记入颠倒温度计的测温记录表中。

（3）如需取水样，待取完水样后，第二次读取温度计的主、辅值，并记入观测记录表的第二次读数栏内，第二次读数应换人复核。若同一支温度计的主温读数相差超过0.02℃，应重新复核，以确认读数无误。

（4）若某预定水层的采水器未颠倒或某层水温读数可疑，应立即补测。若某水层的测量值经计算整理后，两支温度计之间的水温差值多次超过0.06℃，应考虑更换其中读数可疑的温度计。

（5）颠倒温度计不宜长期倒置，每次观测结束后必须正置采水器。

（6）如因某种原因，不能1次完成全部标准层的水温观测时，可分2次进行，但2次观测的间隔时间应尽量缩短。

五、盐度测量

绝对盐度是指海水中溶解的物质质量与海水质量的比值。因绝对盐度不能直接测量，国际海洋学常用表和规范联合小组（JPOTSGF）对盐度给出了下列定义：在1个标准大气压下，15℃的环境温度中，海水样品与标准氯化钾溶液的电导比。

（一）盐度测量的基本要求

1. 准确度要求

根据不同观测任务，提出对测盐准确度的要求，通常将海上水文观测中盐度的准确度分为3级标准（表8–3）：

表8–3　盐度测量的准确度和分辨率

准确度等级	准确度	分辨率
1	±0.02	0.005
2	±0.05	0.01
3	±0.2	0.05

2. 观测层次

盐度测量的标准层次与温度相同。

3. 观测时次

盐度与水温同时观测。大面或断面测站时，船到站观测1次；连续测站时，每小时观测1次。

（二）盐度的测量方法

盐度测定，包括化学方法和物理方法两大类。

1. 化学方法

化学方法又简称硝酸银滴定法。其原理是，在离子比例恒定的前提下，采用硝酸银溶液滴定。通过查表查出氯度，然后根据氯度和盐度的线性关系，来确定水样的盐度。

2. 物理方法

物理方法可分为比重法、折射法、电导法3种。

（1）比重法测量是海洋学中广泛采用的比重定义，即在1个标准大气压下，单位体积海水的质量与同温度、同体积蒸馏水的质量之比。由于海水比重和海水密度密切相关，而海水密度又取决于温度、盐度和压力（或深度），所以比重计的实质是先求密度，再根据密度、温度推求盐度。

（2）折射率法是通过测量水质的折射率来确定盐度。

（3）电导法是利用不同盐度的海水具有不同的导电特性来确定海水盐度的。

前两种测量盐度的方法存在误差较大、准确度不高、操作复杂、不利于仪器配套等问题，尽管还在某种场合下使用，但逐渐被电导法所代替。

六、溶解氧测量

溶解氧（DO）是指溶解在水中的分子态氧。溶解氧是与大气压、空气氧分压、水温和水质显著相关的水质指标。测量溶解氧含量常用的方法有膜电极法和碘量法。清洁水体DO可直接采用碘量法（GB/T 7489—1987）测定，污染水体的溶解氧含量测定则采用修正碘量法。

（一）碘量法

1. 观测原理

水样中加入硫酸锰和碱性碘化钾，水中溶解氧将低价锰氧化成高价锰，生成四价锰的氢氧化物棕色沉淀。加酸后，氢氧化物沉淀溶解，并与碘离子反应而释放出游离碘。以淀粉为指示剂，用硫代硫酸钠标准溶液滴定释放出的碘，根据滴定溶液消耗量计算溶解氧含量。

2. 实验试剂

（1）硫酸锰溶液：称取480 g（或364g）硫酸锰（$MnSO_4 \cdot H_2O$）溶于水，用水稀释至1 000 mL。此溶液加至酸化过的碘化钾溶液中，遇淀粉不呈蓝色。

（2）碱性碘化钾溶液：称取500 g氢氧化钠溶解于300～400 mL 水中，另称取150 g碘化钾（或135 g）溶于200 mL 水中，待氢氧化钠溶液冷却后，将两溶液合并，混匀，用水稀释至1 000 mL。如有沉淀，则放置过夜后，倾出上清液，贮于棕色瓶中。用橡皮塞塞紧，避光保存。此溶液酸化后，遇淀粉应不呈蓝色。

（3）1+5硫酸溶液：1份浓硫酸+5份水（体积），混合摇匀即可。

（4）1%的淀粉溶液：称取1 g可溶性淀粉，用少量水调成糊状，再用刚煮沸的水稀释至100 mL。冷却后，加入0.1 g水杨酸或0.4 g氯化锌防腐。

（5）0.025 mol/L的重铬酸钾标准溶液：称取于105 ℃～110 ℃烘干2 h、并冷却的重铬酸钾1.225 8 g，溶于水，移入1 000 mL容量瓶中，用水稀释至标线，摇匀。

（6）硫代硫酸钠溶液：称取6.2 g硫代硫酸钠（$Na_2S_2O_3 \cdot 5H_2O$）溶于煮沸放冷的水中，加0.2 g碳酸钠，用水稀释至1 000 mL，贮于棕色瓶中，使用前用0.025 mol/L的重铬酸钾标准溶液标定。

（7）硫酸：pH=1.84。

3. 测定步骤

（1）溶解氧的固定：用吸液管插入溶解氧瓶的液面下，加入1 mL硫酸锰溶液和2 mL碱性碘化钾溶液，盖好瓶塞，颠倒混合数次，静置。一般在取样现场固定。

（2）打开瓶塞，立即用吸管插入液面下加入2.0 mL硫酸。盖好瓶塞，颠倒混合摇匀，至沉淀物全部溶解，放于暗处静置5 min。

（3）吸取100.00 mL上述溶液于250 mL锥形瓶中，用硫代硫酸钠标准溶液滴定至溶液呈淡黄色，加入1 mL淀粉溶液，继续滴定至蓝色刚好退去，记录硫代硫酸钠溶液的用量。

4. 计算

$$DO=M \cdot V \times 8\,000/100 \qquad (8\text{-}5)$$

式中，DO——溶解氧，单位为mg/L；

M——硫代硫酸钠标准溶液的浓度，单位为mol/L；

V——滴定消耗硫代硫酸钠标准溶液的体积，单位为mL。

5. 注意事项

（1）试剂加入时应注意不要与空气接触，以免将空气中的氧带入样品而影响测定。

（2）注意淀粉指示剂加入的时间。应先将溶液由棕色滴定至淡黄色时再加入淀粉指示剂，否则终点会出现反复，难以判断。

（3）样品中悬浮物质会吸附析出的碘，使结果偏低。此时需预先用明矾在碱性条件下水解，待沉淀析出后再测上层清液中的溶解氧。

（4）当水样中含有亚硝酸盐时会干扰测定，可加入叠氮化钠使水中的亚硝酸盐分解而消除干扰。加入方法是预先将叠氮化钠加入碱性碘化钾溶液中。

（5）如水样中含铁离子浓度达100 ~ 200 mg/L时，可加入1 mL 体积分数为40%的氟化钾溶液消除干扰。

（6）如水样中含氧化性物质（如游离氯），应预先加入相当量的硫代硫酸钠去除。

（二）膜电极法

膜电极法是根据分子氧透过薄膜的扩散速率来测定水中溶解氧。氧敏感薄膜由两个与支持电解质相接触的金属电极及选择性薄膜组成。薄膜只能透过氧气和其他气体，水和可溶解物质不能透过。透过膜的氧气在电极上还原，产生微弱的扩散电流，在一定温度下其大小与水样溶解氧含量成正比。方法简便、快速，干扰少，可用于现场测定。

下面以YSI便携式溶解氧测量仪（图8-3）为例，介绍溶解氧含量的现场测定方法。

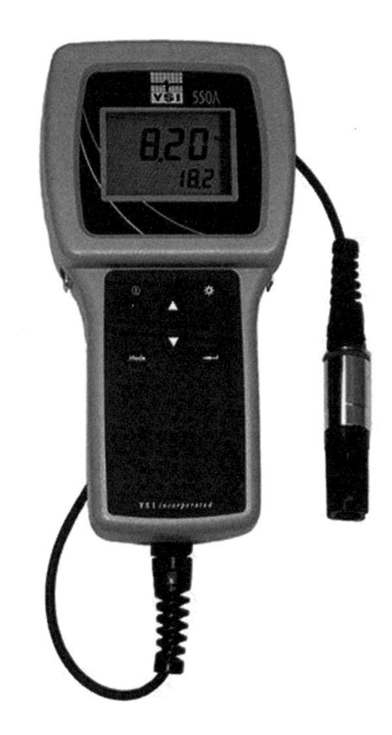

图8-3 YSI便携式溶解氧测量仪

测量方法如下所示。

（1）按仪器操作说明装配探头，并加入所需的电解质。使用过的探头，要检查探头膜内是否有气泡或铁锈状物质。必要时，需取下薄膜重新装配。

（2）零点校正：将探头浸入每升含1 g亚硫酸钠和1 mg钴盐的水中，进行校零。

（3）校准：按仪器说明书要求校准，或取500 mL蒸馏水，其中一部分虹吸入溶解氧瓶中，用碘量法测其溶解氧含量。将探头放入该蒸馏水中（防止曝气充氧），调节仪器到碘量法测定数值上。当仪器无法校准时，应更换电解质和敏感膜。

七、透明度观测

透明度表示海水透明的程度（即光在海水中的衰减程度）。

（一）透明度观测的基本要求

透明度的观测只在白天进行，观测时间为：连续观测站时，每2 h观测一次；大面观测站时，船到站即测。观测地点应选择在背阳光的地方，观测时必须避免受船上排出的污水的影响。

（二）观测方法

观测透明度的透明度盘（图8-4）是一块漆成白色的木质或金属圆盘，直径30 cm，盘下悬挂有铅锤（约5 kg），盘上系有绳索，绳索上标有以dm为单位的长度记号。绳索长度应根据海区透明度值大小而定，一般可取30 ~ 50 m。

在主甲板的背阳光处，将透明度盘放入水中，沉到刚好看不见的深度，然后再慢慢地提到隐约可见时，读取绳索在水面的标记数值（有波浪时应分别读取绳索在波峰和波谷的标记数值）。计量单位为m，读到一位小数，重复2 ~ 3次，取其平均值，即为观测的透明度值，记入水温观测记录表中。若倾角超过10°，则应进行深度订正；当绳索倾角过大时，盘下的铅锤应适当加重。

图8-4 透明度盘

注意事项：

（1）出海前应检查透明度盘的绳索标记，新绳索使用前须经缩水处理（将绳索放在水中浸泡后拉紧晾干），使用过程中需要增加校正次数。

（2）透明度盘应保持洁白，当油漆脱落或脏污时应重新油漆。

（3）每航次观测结束时，透明度盘应用淡水冲洗，绳索须用淡水冲洗晾干后保存。

附 录

附录一 游泳动物

附录表1-1 游泳动物拖网卡片

共______页 第______页

海区______ 船名______ 航次______ 站号______ 拖网号次______

采样时间______年______月______日 风向______ 风力______ 天气______

气压______ 气温______ ℃ 表层水温______℃ 网具类型______ 规格______

囊网网目尺寸______ mm

放网：时间______ 位置______ N（S）______ E（W）______

渔区______ 水深______ m 拖速______ kn 拖向______

起网：时间______ 位置______ N（S）______ E（W）______

渔区______ 水深______ m 拖速______ kn 拖向______

曳纲长度______ m 拖网时间 ______ h 渔捞事故______

总渔获量______ kg（估计）______ kg（准确） 平均______ kg/h

样品标本号______ 样品质量______ kg

探鱼仪映像____

其他记事____

种类	全部或部分取样样品				全网渔获量				备注
	质量/g	尾数	体长范围/mm	体重范围/g	质量/g	尾数	质量/（kg·h^{-1}）	每小时收获尾数	

测定______ 记录______ 校对______ ______年______月______日

附录表1-2　鱼类生物学测定记录表

共______页　第______页

海区______　船名______　航次______　站号______　渔区______

实测站位N（S）______E（W）______　采样日期______年______月______日

种名______　水深______m　网具______　渔获量______kg

编号	长度/mm		质量/g				性别			性腺成熟度（期）	性腺成熟系数	摄食强度（级）	摄食饱满系数	含脂量（级）	年龄	备注
	全长	体长	鱼体重	纯体重	性腺重	胃肠重	♀	♂	雌雄难辨							

测定______　记录______　校对______　______年______月______日

附录表1-3　虾类生物学测定记录表

共_____页　第_____页

海区_____　船名_____　航次_____　站号_____　渔区_____

实测站位N（S）_____E（W）_____　采样日期_____年_____月_____日

种名_____　水深_____m　网具_____　渔获量_____kg

编号	长度/mm		质量/g		性别		性腺成熟度（期）		性腺成熟系数	摄食强度（级）	摄食饱满系数	是否已交配（√或×）	备注
	体长	头胸甲长	体重	性腺重	♀	♂							

测定_____　记录_____　校对_____　_____年_____月_____日

附录表1-4　蟹类生物学测定记录表

共______页　第______页

海区______　船名______　航次______　站号______　渔区______

实测站位N（S）______E（W）______　采样日期______年______月______日

种名______　水深______m　网具______　渔获量______kg

编号	头胸甲		腹部		质量		性别		性腺成熟度（期）	性腺成熟系数	摄食强度（级）	摄食饱满系数	备注
	长度/mm	宽度/mm	长度/mm	宽度/mm	体重/g	性腺/g	♀	♂					

测定______　记录______　校对______　______年______月______日

附录表1-5　头足类生物学测定记录表

共______页　第______页

海区______　船名______　航次______　站号______　渔区______

实测站位N（S）______E（W）______　采样日期______年______月______日

种名______　水深______m　网具______　渔获量______kg

编号	长度/mm		质量/g		性别		性腺成熟度（期）	性腺成熟系数	摄食强度（级）	摄食饱满系数	备注
	胴长	胴腹长	总体重	纯体重	♀	♂					

测定______　记录______　校对______　______年______月______日

附录表1-6　游泳动物数量统计表

共______页　第______页

海区______　　航次______　　船名______　　作业方式______　　网型______

网次	时间	站位	放网		起网		时间		拖网时间/h	底层水温(℃)	总渔获量		主要种类渔获量					
													种类一		种类二		种类三	
			经度	纬度	经度	纬度	放网	收网			kg	尾数	kg	尾数	kg	尾数	kg	尾数
											kg/h	尾数/小时	kg/h	尾数/小时	kg/h	尾数/小时	kg/h	尾数/小时

测定______　　统计______　　校对______　　　　______年______月______日

附录表1-7　鱼类怀卵量记录表

共_____页　第_____页

海区_____　船名_____　航次_____　站号_____　渔区_____

实测站位N（S）_____E（W）_____　采样日期_____年_____月_____日

种名_____　水深_____m　网具_____　渔获量_____kg

编号	长度/mm	质量/g		年龄	成熟度（期）	性腺质量/g	取样质量/g	绝对怀卵量		相对怀卵量	备注
		总重	纯重					取样卵数	全部卵数		

测定_____　记录_____　校对_____　_____年_____月_____日

附录二　浮游植物

附录表2-1　浮游植物海上采样记录表

共_____页　第_____页

海区_____　　船名_____　　航次_____　　站号_____　　水深_____m

实测站位N（S）_____E（W）_____

采样时间_____年_____月_____日_____时_____分至_____时_____分

采样项目		瓶号	绳长/m	倾角/（°）		流量计	采水量/cm^3	备注
				开始	终止	转数/（r/min）		
拖网网次								
采样层次								
海况（记事）								

采样_____　　记录_____　　校对_____　　　　_____年_____月_____日

附录表2-2　浮游植物垂直分层拖网采样记录表

共______页　第______页

海区______　船名______　航次______　站号______　水深______m

实测站位N（S）______E（W）______　网型______

采样时间______年______月______日______时______分至______日______时______分

采样层次	瓶号	绳长/m		时间		备注
		放出	闭锁	上升时	闭锁时	
海况（记事）						

测定______　记录______　校对______　　______年______月______日

附录三 浮游动物

附录表3-1 浮游动物湿重生物量测定记录表

共_____页 第_____页

海区_____ 船名_____ 航次_____ 采样日期_____年_____月_____日

编号	站号	总质量/mg	筛绢湿重/mg	动物湿重/mg	滤水量/m^3	湿重生物量/（$mg \cdot m^{-3}$）	备注

测定_____ 计算_____ 校对_____ _____年_____月_____日

附录表3-2 浮游动物个体计数记录表

共______页 第______页

海区______ 船名______ 航次______ 站号______ 样品编号______

水深______m 绳长______m 水层______m 滤水量______m^3 取样量______

采样日期______年______月______日

序号	种名	数量	全网个数	丰度/（个/平方米）	备注
1					
2					
3					
4					
5					
6					
7					
8					
9					
10					
11					
12					
13					
14					
15					
16					
17					
总计					

计数______ 统计______ 校对______ ______年______月______日

附录四 鱼卵及仔、稚鱼

附录表4-1 鱼卵及仔、稚鱼海上采集记录表

共____页 第____页

<table>
<tr><td colspan="2">站号</td><td></td><td>水深/m</td><td></td><td>海区</td><td></td><td>调查船</td><td></td></tr>
<tr><td colspan="2">采样站位（实测）</td><td colspan="3">纬度N（S）</td><td colspan="4">经度E（W）</td></tr>
<tr><td colspan="2">采样时间</td><td colspan="7">自____年____月____日____时____分
至____年____月____日____时____分</td></tr>
<tr><td colspan="2" rowspan="2">采样项目</td><td rowspan="2">瓶号</td><td rowspan="2">绳长/m</td><td colspan="2">倾角（° ）</td><td colspan="2">流量计</td><td rowspan="2">备注</td></tr>
<tr><td>开始</td><td>终止</td><td>编号</td><td>转数/（r/min）</td></tr>
<tr><td rowspan="10">垂直或斜拖网次</td><td></td><td></td><td></td><td></td><td></td><td></td><td></td><td></td></tr>
<tr><td></td><td></td><td></td><td></td><td></td><td></td><td></td><td></td></tr>
<tr><td></td><td></td><td></td><td></td><td></td><td></td><td></td><td></td></tr>
<tr><td></td><td></td><td></td><td></td><td></td><td></td><td></td><td></td></tr>
<tr><td></td><td></td><td></td><td></td><td></td><td></td><td></td><td></td></tr>
<tr><td></td><td></td><td></td><td></td><td></td><td></td><td></td><td></td></tr>
<tr><td></td><td></td><td></td><td></td><td></td><td></td><td></td><td></td></tr>
<tr><td></td><td></td><td></td><td></td><td></td><td></td><td></td><td></td></tr>
<tr><td></td><td></td><td></td><td></td><td></td><td></td><td></td><td></td></tr>
<tr><td></td><td></td><td></td><td></td><td></td><td></td><td></td><td></td></tr>
<tr><td colspan="2">水平拖曳网次</td><td></td><td></td><td colspan="2">拖网时间/min</td><td colspan="3"></td></tr>
<tr><td colspan="2">定性样品（网型、层次）</td><td colspan="7"></td></tr>
<tr><td colspan="2">海况（记事）</td><td colspan="7"></td></tr>
</table>

采样____ 记录____ 校对____ ____年____月____日

附录表4–2　鱼卵及仔、稚鱼计数记录表

共_____页　第_____页

标本编号_____　站号_____　水深_____m　绳长_____m　水层_____

网型_____　取样_____　滤水量_____m^3

采样日期_____年_____月_____日

种名	发育阶段	数量/个	全网个数	丰度/（个/立方米）	备注
总计	鱼卵				
	仔、稚鱼				

计数_____　统计_____　校对_____　_____年_____月_____日

附录表4–3　鱼卵及仔、稚鱼数量统计表

共_____页　第_____页

站号												
采样时间	年月日											
	时：分											
拖网层次												
拖网时间/min												
种名		丰度/［粒（或尾）/立方米］										
总计	鱼卵											
	仔、稚鱼											

采样_____　记录_____　校对_____　　_____年_____月_____日

附录五 大型底栖生物

附录表5-1 大型底栖生物海上采样记录表

共_____页 第_____页

海区_____ 船名_____ 航次_____ 站号_____ 编号_____

实测站位N（S）_____N（W）_____ 水深_____m 放绳长度_____m

底质_____ 底温_____℃ 底盐_____ 拖网距离_____m 采泥器_____m^2

采泥次数_____ 样品厚度_____cm 网型_____ 网宽_____m

采泥时间_____年_____月_____日_____时_____分

拖网时间_____年_____月_____日_____时_____分至_____时_____分

采泥样品总数		拖网样品总数		
优势种类记录				
序号	种名	总个数	保存个数	备注
1				
2				
3				
4				
5				
6				
7				
8				
9				
10				
记事：				

采样_____ 记录_____ 校对_____ _____年_____月_____日

附录表5-2　大型底栖生物定量分析记录表

共______页　第______页

海区______　船名______　航次______　站号______　编号______

水深______m　底质______　采泥器______m^2　采样次数______

样品厚度______　采样时间______年______月______日______时______分

序号	种名	个数	密度/（个/平方米）	质量/g	生物量/（$g\cdot m^{-2}$）	干重/（$g\cdot m^{-2}$）
1						
2						
3						
4						
5						
6						
7						
8						
9						
10						
11						
12						
13						
14						
15						
16						
17						
18						
19						
20						

采样______　记录______　校对______　______年______月______日

附录表5-3 大型底栖生物定性分析记录表

共______页 第______页

海区______ 船名______ 航次______ 站号______ 编号______

水深______ m 底质______ 网型______ 网宽______m 拖网距离______ m

拖网时间______年______月______日______时______分 至______ 时______分

序号	种名	数量	备注
1			
2			
3			
4			
5			
6			
7			
8			
9			
10			
11			
12			
13			
14			
15			
16			
17			
18			
19			
20			
21			
22			

采样______ 记录______ 校对______ ______年______月______日

附录表5-4　大型底栖生物定量分析种类分布记录表

共_____页　第_____页

海区_____　　船名_____　　航次_____　　科名_____　　种名_____

站号	标本号	采样日期	密度		生物量		深度/m	底温（℃）	底盐	底质	备注
			标本数	个/平方米	湿重/（g·m^{-2}）	干重/（g·m^{-2}）					

鉴定_____　　记录_____　　校对_____　　　　_____年_____月_____日

附录表5-5 大型底栖生物定性分析种类分布记录表

共_____页 第_____页

海区_____ 船名_____ 航次_____ 科名_____ 种名_____

站号	标本号	采样日期	个数	深度/m	底温（℃）	底盐	底质	备注

鉴定_____ 记录_____ 校对_____ _____年_____月_____日

附录六　潮间带生物

附录表6-1　潮间带生物野外采集记录表

共______页　第______页

项目编号______　地点______　断面______　站号______　样方号______

潮区______　底质______　采样面积______m^2　样品厚度______cm

气温______℃　水温______℃　底温______℃　气象______

采样日期______年______月______日

序号	种名或类群	个数	覆盖面积/cm^2	分布高度/m	备注
1					
2					
3					
4					
5					
6					
7					
8					
9					
10					
11					
12					
13					
14					
15					
16					
17					

采集______　记录______　校对______　______年______月______日

附录表6-2　潮间带生物定量分析记录表

共_____页　第_____页

项目编号_____　地点_____　断面_____　站号_____　样方号_____

潮区_____　底质_____　采样面积_____m^2　样品厚度_____cm

采样日期_____年_____月_____日

序号	种名	标本数	密度/（个/平方米）	质量/g	生物量/（$g \cdot m^{-2}$）	备注
1						
2						
3						
4						
5						
6						
7						
8						
9						
10						
11						
12						
13						
14						
15						
16						
17						
18						

鉴定_____　记录_____　校对_____　_____年_____月_____日

附录表6-3　潮间带生物定性分析记录表

共_____页　第_____页

项目编号_____　地点_____　断面_____　站号_____　样方号_____

潮区_____　底质_____　采样面积_____m^2　样品厚度_____cm

采样日期_____年_____月_____日

序号	种名	数量	备注
1			
2			
3			
4			
5			
6			
7			
8			
9			
10			
11			
12			
13			
14			
15			
16			
17			
18			
19			

采集_____　记录_____　校对_____　_____年_____月_____日

附录表6–4　潮间带生物种类分布表

共_____页　第_____页

科名_____　　种名_____

地点	断面	站号	潮区	标本号	采样日期	密度/（个/平方米）	生物量/（$g \cdot m^{-2}$）	定性标本状况	体长/cm	底质

鉴定_____　　记录_____　　校对_____　　_____年_____月_____日

附录表6-5　潮间带生物主要种类垂直分布表

共______页　第______页

海区______　断面______　采样日期______年______月______日

序号	站号	1		2		3		4		5	
	种名	生物量/（$g \cdot m^{-2}$）	密度/（个/平方米）	生物量/（$g \cdot m^{-2}$）	密度/（个/平方米）	生物量/（$g \cdot m^{-2}$）	密度/（个/平方米）	生物量/（$g \cdot m^{-2}$）	密度/（个/平方米）	生物量/（$g \cdot m^{-2}$）	密度/（个/平方米）
1											
2											
3											
4											
5											
6											
7											
8											
9											
10											

鉴定______　记录______　校对______　　______年______月______日

附录表6-6　潮间带生物统计表

共______页　第______页

海区______　断面______

潮区	藻类		多毛类			软体动物			甲壳动物			棘皮动物			其他动物		
	生物量/（$g \cdot m^{-2}$）	种数	生物量/（$g \cdot m^{-2}$）	密度/（个/平方米）	种数	生物量/（$g \cdot m^{-2}$）	密度/（个/平方米）	种数	生物量/（$g \cdot m^{-2}$）	密度/（个/平方米）	种数	生物量/（$g \cdot m^{-2}$）	密度/（个/平方米）	种数	生物量/（$g \cdot m^{-2}$）	密度/（个/平方米）	种数

鉴定______　记录______　校对______　　______年______月______日

附录七　叶绿素

附录表7-1　叶绿素采样记录表

共_____页　第_____页

海区_____　船名_____　航次_____　站号_____　水深_____m

实测站位N（S）_____E（W）_____　采样日期_____年_____月_____日

透明度_____m　水色_____　天气状况_____　海况_____

测量项目_____　测量方法_____　滤膜类型_____　滤膜孔径_____μm

抽气负压_____kPa　贮存条件_____　干燥器型号_____

序号	预测深度/m	实测深度/m	采样时间（时:分）	水样号	过滤时间（时:分）	过滤水样量/dm^3	滤膜贮存号	备注
1								
2								
3								
4								
5								
6								
7								
8								
9								
10								
11								
12								
13								
14								

采样_____　记录_____　过滤_____　校对_____　_____年_____月_____日

附录表7-2　叶绿素（萃取荧光法）测定记录表

共_____页　第_____页

海区_____　船名_____　航次_____　站号_____　水深_____m

实测站位N（S）_____E（W）_____　采样日期_____年_____月_____日

荧光计型号_____　滤膜型号_____　提取液体积_____cm^3

测定日期_____年_____月_____日

空白测定	量程档										
	F_{01}										
	F_{02}										
	F_0										
序号	实测深度/m	采样时间	过滤水样量/cm^3	提取瓶号	量程档	换算系数/F_d	酸化前荧光读数/R_b	酸化后荧光读数/R_a	叶绿素a浓度/（$mg \cdot m^{-3}$）	脱镁叶绿素a浓度/（$mg \cdot m^{-3}$）	备注
1											
2											
3											
4											
5											
6											
7											
8											
9											
10											
11											

测定_____　计算_____　校对_____　_____年_____月_____日

附录表7–3　叶绿素（分光光度法）测定记录表

共_____页　第_____页

海区_____　船名_____　航次_____　站号_____　水深_____m

实测站位N（S）_____E（W）_____　采样日期_____年_____月_____日

分光光度计型号_____　比色皿光程_____cm　测定日期_____年_____月_____日

提取液体积_____cm^3　过滤水样体积_____dm^3

序号	实测深度/m	滤膜贮存瓶号	离心管号	刻度试管号	光密度值				海水中叶绿素浓度/（$mg \cdot m^{-3}$）			备注
					OD_{750}	OD_{664}	OD_{647}	OD_{630}	Chl a	Chl b	Chl c	
1												
2												
3												
4												
5												
6												
7												
8												
9												
10												
11												
12												
13												
14												
15												
16												

测定_____　计算_____　校对_____　_____年_____月_____日

附录八　本科实习报告样式

________大学

本　科　实　习　报　告

实习名称________________________

学院（系、中心）________________

专业年级________________________

学生姓名________________________

学　　号________________________

教务处制表

二〇　　年　　月　　日

填写说明

一、此报告请用黑色签字笔填写或打印。

二、此报告中内容请在实习结束后如实填写。

三、实习教学基本概况中的实习类型指教学实习、专业实习、认知实习、生产实习、毕业实习、社会调查（实践）等；修课要求指必修、限选、任选；实习总结形式指论文、设计、调查报告等。

四、实习总结字数根据形式做如下要求：论文、设计不少于3 000字；调查报告不少于5 000字。

五、此报告填写完毕（一式两份），经实习指导教师和院（系、中心）有关领导审阅后，一份作为学生成绩由院（系、中心）保存，一份由学生本人保存。

一、实习教学基本概况

实习类型		修课要求	
实习名称		课程（实习）编号	
学时		学分	
实习起止时间		实习地点	
实习单位		实习岗位	
指导教师		学历/职称	
实习指导教材		实习总结形式	
实习成绩		其他情况说明	

二、实习教学内容

1. 实习目的、要求

2. 实习主要内容

三、实习总结（可另附纸）

四、实习鉴定

指导教师鉴定：

实习成绩评定：________

指导教师签名：　　　　　　　　　　年　　月　　日

所在院（系、中心）评定：

院（系、中心）负责人签章：　　　　　　　年　　月　　日

参考文献

［1］中华人民共和国国家质量监督检验检疫总局，中国国家标准化管理委员会. 海洋调查规范第2部分：海洋水文观测（GB/T 12763.2—2007）［S］. 北京：中国标准出版社，2007.

［2］中华人民共和国国家质量监督检验检疫总局，中国国家标准化管理委员会. 海洋调查规范第6部分：海洋生物调查（GB/T 12763.6—2007）［S］. 北京：中国标准出版社，2007.

［3］中华人民共和国国家质量监督检验检疫总局，中国国家标准化管理委员会. 海洋监测规范第4部分：海水分析（GB/T 17378.4—2007）［S］. 北京：中国标准出版社，2007.

［4］侍茂崇. 海洋调查方法［M］. 北京：海洋出版社，2018.

［5］国家海洋局海洋技术研究所. 海洋调查仪器使用手册［M］. 北京：海洋出版社，2001.

［6］任一平. 渔业资源生物学［M］. 北京：中国农业出版社，2020.

［7］沈国英，黄凌风，郭丰，等. 海洋生态学［M］. 第3版. 北京：科学出版社，2010.

［8］李太武. 海洋生物学［M］. 北京：海洋出版社，2013.

［9］杨德渐，孙世春. 海洋无脊椎动物学［M］. 青岛：青岛海洋大学出版社，1999.

［10］朱丽岩，汤晓荣，刘云，等. 海洋生物学实验［M］. 青岛：中国海洋大学出版社，2007.

［11］黄宗国，林金美. 海洋生物学辞典［M］. 北京：海洋出版社，2002.

［12］国家海洋局908专项办公室. 海洋生物生态调查技术规程［M］. 北京：海洋出版社，2006.

［13］杨鲲，吴永亭，赵铁虎. 海洋调查技术及应用［M］. 武汉：武汉大学出版社，2009.

［14］冯士筰，李凤歧，李少菁. 海洋科学导论［M］. 北京：高等教育出版社，1999.

［15］纪东平. 荣成俚岛斑头鱼和大泷六线鱼的渔业资源生物学研究［D］. 青岛：中国海洋大学，2014.